Der neuzeitliche Aufzug mit Treibscheibenantrieb

Charakterisierung, Theorie, Normung

Von

Dipl.-Ing. F. Hymans
Research Engineer, New York

und

Dipl.-Ing. A. V. Hellborn
Stockholm, vorm. Engineering Manager der
Otis Elevator Co., New York

Mit 107 Abbildungen im Text

Berlin
Verlag von Julius Springer
1927

ISBN 978-3-642-89324-7   ISBN 978-3-642-91180-4 (eBook)
DOI 10.1007/978-3-642-91180-4

Vorwort.

Die Verfasser beabsichtigen mit dem vorliegenden Buche die Entwicklung der Aufzugstechnik so weit als möglich zu fördern, und die heute noch ziemlich spärliche Literatur auf diesem Gebiete zu bereichern. Ferner beabsichtigen sie dem mit der Einführung der modernen Aufzugsmaschine mit Treibscheibenantrieb betrauten Ingenieur ein Hilfsmittel zu bieten, das ihm gestattet, seine Arbeit zielbewußt auszuführen, und die zahlreichen bei dieser Umgestaltung möglichen Mißgriffe zu vermeiden.

Das behandelte Thema dürfte gerade jetzt von besonderem Interesse sein, da eine allgemeinere Einführung der Treibscheibenwinde als zweckmäßig erscheint. Diese Type bietet nämlich aus Normungsrücksichten bedeutende Vorteile und ist gerade in dieser Beziehung der Trommeltype derartig überlegen, daß eine Normung auf dem Aufzugsgebiet ohne die gleichzeitige Einführung der Treibscheibenwinde aus wirtschaftlichen Gründen wohl kaum denkbar ist.

Wir haben nun versucht, die wesentlichen Erscheinungen, die mit der Verwendung einer Treibscheibe statt einer Trommel in Verbindung stehen, zusammenzustellen, um ein tieferes Verständnis für diese neue Aufzugsmaschine herbeizuführen. Obgleich die Trommel- und Treibscheibenwinden dem äußeren nach einander nahe verwandt erscheinen, treten bei den letzteren und zwar in Verbindung mit dem wichtigsten Konstruktionsglied, der Treibscheibe, gänzlich neue Probleme auf, denen der mit der Trommeltype vertraute Ingenieur gänzlich fremd gegenübersteht.

Die neuesten Fortschritte und Erfahrungen finden hier Beachtung, und das Buch gibt ein Bild der allerletzten Ergebnisse der Forschung auf dem Gebiet der Aufzugstechnik. Jedoch erhebt das Buch keinen Anspruch auf Vollständigkeit, da die vorliegende Behandlung nur das bietet, was die Treibscheibenwinde von der Trommeltype unterscheidet.

Da die vorliegende Arbeit im wesentlichen ein neues Thema darstellt, und im großen und ganzen als eine Originalarbeit betrachtet werden kann, ist großer Wert auf eine streng mathematische Behandlung der einschlägigen Probleme gelegt. Sie sind einer von Grund auf hergeleiteten mathematischen Analyse unterzogen, und die Ergebnisse sind durch

praktische Ausführungen voll bestätigt. Dadurch, daß der Ausgangspunkt für die Ableitung der zur Verwendung kommenden Gleichungen
bekannt ist, tritt auch der Gültigkeitsbereich klar hervor. Graphisch
kommt dieser übrigens durch die nomographische Darstellung besonders
deutlich zum Ausdruck. Durch diese Darstellungsweise ist außerdem
für die leichte Verwendung der für die Praxis beabsichtigten Formeln
gesorgt, deren Gestaltung manchmal verwickelt ist.

Da, wie bereits erwähnt, eine durchgreifende Normung der gesamten
Aufzugsindustrie gleichzeitig mit der Einführung der Treibscheiben-
maschine uns als zweckmäßig erscheint, so ist aus gerade diesem
Grunde der Abschnitt IV entstanden, welcher die hierbei zu be-
folgenden Richtlinien enthält. Wir hoffen damit dem behandelten
Thema nicht nur eine ungewöhnliche, sondern auch eine von diesem
Gesichtspunkt aus sehr notwendige Ergänzung zugeführt zu haben.
Das richtige Ergreifen der Normungsarbeit spielt nämlich eine wichtige
Rolle, und der Verwendung zielbewußter Methoden bei dieser Arbeit ist
eine große Bedeutung beizumessen. Die Normung als eine einmalige
Vorbereitung der wirtschaftlichen Fertigung erfordert viel Arbeit und
ist recht kostspielig; es ist aus diesem Grunde um so bedeutungs-
voller, daß die Normung von Anfang an richtig angefaßt wird. Für
den Abschnitt IV C sind selbstverständlich nur solche Normungs-
beispiele ausgewählt, welche die im Text vorkommenden und dem
Treibscheibenaufzug zugehörenden Konstruktionen behandeln.

Den Firmen, die zur Illustrierung des vorliegenden Buches in bereit-
willigster Weise beigetragen haben, sei an dieser Stelle verbindlichst
gedankt.

New York, im November 1926.   Stockholm, im November 1926.

F. Hymans.   A. V. Hellborn.

Inhaltsverzeichnis.

Zur Beachtung!

Der in Gl. (3b) vorkommende Ausdruck „$\varepsilon^{\mu \cdot \beta}$" ist auf Seite 63 unter der Benennung „Faktor der Treibfähigkeit" mit „γ" bezeichnet. Dieses Zeichen „γ", das später bei der Berechnung der Federpuffer des öfteren vorkommt, ist nicht mit dem in den Abschnitten 23, 25 und 27 erwähnten Zentriwinkel γ zu verwechseln.

Einleitung.

Zur Geschichte der Treibscheibenaufzüge.

Der Ursprung der Treibscheibenwinde, die wir jetzt als eine Neu-
erscheinung auf dem Aufzugsgebiet zu betrachten geneigt sind, liegt
in Wirklichkeit zeitlich ziemlich weit zurück. Bereits vor 40 Jahren
trat diese Type in Amerika auf und zwar in der Ausführungsform, die
durch eine zweifache Umschlingung der Treibscheibe über eine Gegenscheibe gekennzeichnet ist. Es zeigte sich aber bald, daß diese Type im
Wettbewerb mit der Trommeltype den Markt nicht behaupten könnte;
erstens fiel die Konstruktion auf Grund des höheren Lagerdrucks schwe-
rer aus als bei der Trommeltype, zweitens waren die damaligen Gebäude
nicht von solcher Höhe, die eine Treibscheibentype unbedingt erforderte.
Das Problem der Kraftübertragung durch eine einfache Umschlingung
der Antriebsscheibe war damals noch nicht so bekannt, daß eine wirtschaftliche Konstruktion hervorgebracht wurde.

Erst mit dem Entstehen der hohen Geschäftsgebäude war eine Lage
geschaffen, deren Forderungen die obige Treibscheibenwinde mit zweifacher Umschlingung vollkommen entsprach. Jedoch öffnete sich der
Weg für eine allgemeinere Einführung dieser Type erst, nachdem der
elektrisch betriebene Aufzug den hydraulischen allmählich zu verdrängen im Stande war. Der diesbezügliche Wettkampf setzte mit Aufzügen für kleinere Hubhöhen ein, wo die Trommeltype Verwendung
finden konnte. Darüber hinaus herrschte noch eine Zeit lang der hydraulische Aufzug, bis es im Jahre 1904 den amerikanischen Aufzugsfabri-
kanten gelang eine elektrische Treibscheibenwinde auf den Markt zu
bringen, die den hydraulischen Aufzug allmählich aus seinem bis dahin
allein beherrschten Gebiet vertrieb.

Die Rillenform dieser Treibscheibentype war dieselbe geblieben,
wie bei den Trommelmaschinen, d. h. halbrund, und demzufolge wurde
der erforderliche Reibungsschluß durch eine zweifache Umschlingung
der Antriebsscheibe über eine Gegenscheibe erreicht. Der Motor wurde
direkt mit der Treibscheibe verbunden, und kam ein Vorgelege hier also
nicht zur Verwendung. Die Drehzahl des Motors mußte aus dem Grunde
sehr niedrig gehalten werden, etwa 60 Umdr./min. Selbstverständ-

lich kam diese Ausführung nur für sehr hohe Hubgeschwindigkeiten in Frage.

Diese neue Aufzugstype konnte nun für die höchsten Gebäude verwendet werden, da die Konstruktion von der Hubhöhe unabhängig war. Ebenfalls wurde sofort erkannt, daß diese Type gegenüber der Trommeltype einen sehr schätzenswerten Vorteil besaß, der aus dem für die Kraftübertragung zugrunde liegenden Prinzip hervorging: die Kraftübertragung hört nämlich in dem Augenblick auf, da sich der abwärtsfahrenden Kabine oder dem Gegengewicht etwas hindernd entgegenstellt. Aus dem Grunde wurden schon damals die Aufzüge mit unten in den Schacht montierten Pufferanordnungen versehen. Ein Anprall gegen dieselben entweder seitens der Kabine oder des Gegengewichtes versetzte den Aufzug sofort außer Betrieb, und war somit ein Einfahren in das Obergerüst gänzlich ausgeschlossen[1]).

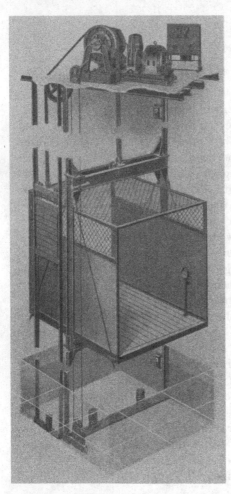

Lastenaufzug mit Treibscheibenantrieb und Kabinenaufhängung 1 : 1 (Otis Elevator Company, New York, U.S.A.).

Inzwischen erschien auch in England ein Treibscheibenaufzug auf dem Markt. Diese Type unterschied sich von der amerikanischen dadurch, daß hier nur eine einfache Umschlingung in Verbindung mit einer keilförmigen Seilrille verwendet wurde. Diese Type ist aber

---

[1]) Es läßt sich allerdings hier der Fall denken, daß das Gewicht der Tragseile auf der Seite des anprallenden Körpers genügend wäre, um eine Kraftübertragung zu gewährleisten. Ein derartiger Fall kann zwar nur bei sehr hohen Hubhöhen, welche jedoch in der Praxis noch nicht erreicht sind, eintreffen.

nicht den Forderungen größerer Hubhöhen entsprungen, sondern fast mehr aus rein wirtschaftlichen Gründen entstanden. Viele Jahre hindurch wurde nun diese einfachere Treibscheibentype neben der Trommeltype verwendet; ein gänzliches Verdrängen dieser letzterwähnten konnte nicht in Frage kommen, da die mit der Kraftübertragung in Verbindung stehenden Probleme zum größten Teil noch ungelöst waren. Nur durch die während der allerletzten Jahre vorgenommene Forschung auf diesem Gebiet ist es möglich geworden, das Verwendungsgebiet dieser Treibscheibenwinde um ein bedeutendes zu erweitern.

Das in der Nachkriegszeit einsetzende größere Verständnis für die wirtschaftlichen Vorteile der Normung berührte ebenfalls die Aufzugsindustrie, und es ist hier von besonderem Interesse zu konstatieren wie in Amerika die altbekannte Trommeltype, die während so vieler Jahre das Vorbild der Aufzugsmaschine für niedrigere Hubhöhen geblieben ist, das Feld für eine Type, die den neuzeitlichen Forderungen der Normung besser entsprach, räumen mußte. Im Jahre 1919 wurde nämlich die oben angeführte englische

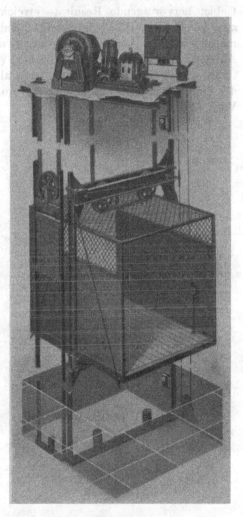

Lastenaufzug mit Treibscheibenantrieb und Kabinenaufhängung 2 : 1 (Otis Elevator Company, New York, U.S.A.).

Treibscheibentype mit einfacher Umschlingung in Amerika fast allgemein adoptiert, und hat die Trommelmaschine seitdem beinah gänzlich verdrängt.

Das Adoptieren der englischen Aufzugstype ist jedoch nicht ohne mannigfache Veränderungen vorgenommen, die einerseits den ameri-

1*

kanischen Verhältnissen besser entsprachen und anderseits zu einer
bedeutenden Erweiterung des Verwendungsgebietes dieser Type führten.
Diese Änderungen trafen vor allem das Rillenprofil, und sind auf diesem
Gebiet hervorragende Resultate erreicht worden. Außerdem ist der
zwischen Seil und Rille zulässige Flächendruck Gegenstand einer genauen
mathematischen Analyse und weitgehender Untersuchungen gewesen.
Auf Grund eines streng methodischen Verfahrens bei dieser konstruktiven Arbeit sind theoretische und praktische Unterlagen geschaffen,
die für die weitere Entwicklung der Aufzugstechnik von allergrößtem
Wert sind.

I. Das Charakteristische der Treibscheibenaufzüge.

A. Die maschinelle Anordnung.

1. Vergleich der Treibscheibenwinden mit zweifacher und einfacher Umschlingung (d. h. mit und ohne Gegenscheibe). Das Charakteristische einer Treibscheibenwinde ist, daß keine starre Verbindung zwischen Kabine und Maschine, oder zwischen Gegengewicht und Maschine besteht, wie bei der Trommeltype. Die Seile bilden eine direkte Verbindung zwischen der Kabine und dem Gegengewicht über die Treibscheibe, und die Kraftübertragung ist durch die zwischen der Treibscheibe und den Seilen auftretende Reibung verwirklicht.

Der Unterschied der beiden Typen liegt in der Seilführung, in der Größe des Umschlingungsbogens und der konstruktiven Anordnung der Seilrillen. Bei der Type mit Gegenscheibe gehen die Seile von der Kabine über die Treibscheibe, dann nach unten über die Gegenscheibe und zurück über die Treibscheibe nach dem Gegengewicht (Abb. 1a und 2a). Die Seile winden sich also zweimal um die obere Hälfte der Treibscheibe, wodurch die für die Kraftübertragung erforderliche

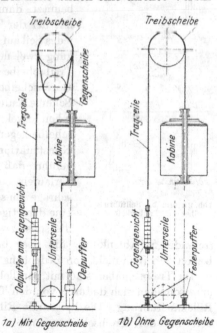

1a) Mit Gegenscheibe   1b) Ohne Gegenscheibe

Abb. 1a und b.   Anordnung der Treibscheiben-aufzüge mit obenliegender Maschine.

Reibung entsteht. Dieses bezieht sich auf obenstehende Maschine; ist sie dagegen nach unten verlegt, dann befindet sich die Gegenscheibe über der Treibscheibe, der Verlauf der Seilstränge bleibt jedoch derselbe.

Bei der Type ohne Gegenscheibe ist die Seilführung bedeutend einfacher. Der Seilstrang von der Kabine geht dann über die Treibscheibe direkt nach dem Gegengewicht, und die Umschlingung beträgt also hier bei obenliegender Maschine höchstens 180° (Abb. 1b und 2b). Es kommt nämlich des öfteren vor, daß es notwendig wird den einen Seilstrang — vorzugsweise der des Gegengewichtes — durch eine im Obergerüst einmontierte Scheibe abzulenken, wodurch die Größe des Umschlingungsbogens kleiner als 180° wird.

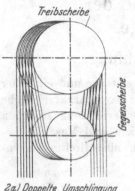

2a) Doppelte Umschlingung

2b) Einfache Umschlingung

Abb. 2a und b. Seilführung über die Treibscheibe.

Bei einfacher Umschlingung stimmt die Rillenzahl der Treibscheibe mit der Seilzahl überein (Abb. 2b); bei zweifacher dagegen ist die Rillenzahl der Treibscheibe die doppelte der Seilzahl (Abb. 2a). Die Gegenscheibe erhält nur eine der Seilzahl entsprechende Anzahl von Rillen, deren Abstand der doppelte desjenigen der Treibscheibe ist. Wird aber die Gegenscheibe gleichzeitig als Ablenkrolle benutzt, dann erhält sie eine Rillenzahl, die mit der der Treibscheibe übereinstimmt. Da jedes Seil auf Grund der zweifachen Umschlingung zwei nebeneinander liegende Rillen der Treibscheibe beansprucht, dagegen nur eine Gegenscheibenrille, so ist die Lage dieser Scheibe dadurch gegeben, daß jede Rille zwischen zwei dementsprechenden der Treibscheibe liegen muß. Im allgemeinen wird die Konstruktion der Einfachheit wegen so ausgeführt, daß die beiden Scheibenwellen parallel verlaufen, und nur selten sieht man eine schräge Einstellung der Gegenscheibe. Durch eine derartige Einstellung vermeidet man zwar die sonst zwischen den beiden Scheiben auftretende Seilablenkung, die aber bei hinreichender Entfernung der beiden Scheiben nicht von Bedeutung ist.

Die Treibscheiben sind mit parallel verlaufenden Rillen versehen und unterscheiden sich dadurch von den Trommeln mit ihrer spiralförmigen Rillenausführung. Die halbrunde Rille der Trommeltype ist unverändert bei der Treibscheibenwinde mit doppelter Umschlingung beibehalten, da die durch diese Anordnung entstehende Reibung für die im Aufzugbau bedingten Forderungen der Kraftübertragung vollkommen ausreicht. Bei Treibscheibenwinden mit einfacher Umschlingung dagegen ist der maximale Umschlingungsbogen bei obenliegender Maschine nur 180°, bei untenliegender ca. 210°, und die erforderliche Reibung ist hier durch die Verwendung von keilförmigen oder unterschnittenen Rillen mit Seilsitz gesichert.

Ein weiterer konstruktiver Unterschied tritt als Folge der verschiedenen Verwendungsgebiete dieser Typen hervor. Denkt man sich diese Gebiete in ein Koordinatensystem eingetragen, wo die Abszissen die Nutzlast in Kilogramm und die Ordinaten die Hubgeschwindigkeit in m/sek angeben, dann bildet die zwischen 2,5 und 2,75 m/sek eingetragene Horizontale die Begrenzungslinie der beiden Verwendungsgebiete (Abb. 3). Über dieser Linie befindet sich das Arbeitsfeld der Winde mit Gegenscheibe, unter dieser Linie liegt dasjenige der anderen Type. In dem ersten Fall verlangen die hohen Hubgeschwindigkeiten einen direkten Antrieb, d. h. ohne Vorgelege zwischen Motor und Treibscheibe[1]); in dem letzten Fall dagegen ist ein Vorgelege, wie z. B. ein Schneckenantrieb, oder ein gleichzeitiger Schnecken- und Stirnradantrieb erforderlich.

Das Einstellen für verschiedene Hubgeschwindigkeiten geschieht in dem mit (2) bezeichneten Feld (Abb.3) durch das Anbringen von langsam laufenden Motoren (ausschließlich Gleichstrommotoren), von denen jeder für eine andere Drehzahl gewickelt ist. Diese Drehzahl liegt zwischen

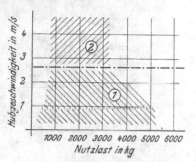

Abb. 3. Verwendungsgebiete der Treibscheibenaufzüge: ① ohne Gegenscheibe, ② mit Gegenscheibe.

60 und 120 Umdr./min. In diesem Fall erfolgt im allgemeinen keine Änderung in dem Durchmesser der Treibscheibe; folglich kommt für jede Maschinengröße nur ein Treibscheibendurchmesser in Betracht.

Die Treibscheibenwinden, die das mit (1) bezeichnete Feld (Abb. 3) einnehmen, verlangen Motoren mit viel höherer Drehzahl, etwa 750 bis 1200 Umdr./min. Das Einstellen für verschiedene Hubgeschwindigkeiten erfolgt hier durch Veränderungen an dem Durchmesser der Treibscheiben sowie an den Vorgelegen, die für verschiedene Übersetzungen einzurichten sind.

2. Vergleich der Treibscheibenwinde mit der Trommelmaschine. Ein Blick auf die graphische Darstellung der Verwendungsgebiete der Treibscheibenaufzüge (Abb. 3) läßt erkennen, daß es nur die Type ohne Gegenscheibe ist, die das gewöhnliche Arbeitsfeld der Trommel-

---

[1]) Bei diesen hohen Geschwindigkeiten, die z. Z. bis auf 4,0 m/sek steigen, läßt sich ein Vorgelege, wie ein Schneckengetriebe, hauptsächlich deshalb nicht verwenden, weil das erforderliche Spiel der Schnecke bei jedem Druckwechsel eine zu große Schlag- und Stoßwirkung verursachen würde. Ein derartiger Druckwechsel tritt beim Anfahren und Anhalten sowie bei der Feineinstellung auf.

maschine einnimmt. Will man somit einen Vergleich mit der Trommeltype anstellen, dann läßt er sich nur mit dieser Treibscheibentype be-

Aufzugsmaschine mit Treibscheibenantrieb (Aufzugsfirma Carl Flohr A.-G., Berlin).

werkstelligen. Besonders auffällig ist dabei das sehr kompakte und bün-
dige Äußere dieser neuen Type, wozu in erster Linie die Verwendung
einer Treibscheibe statt Trommel beiträgt. In dieser Beziehung wird das Resultat noch günstiger, falls die Treibscheibe mit dem Stern des Schneckenrades starr verbunden wird (Abb. 4).

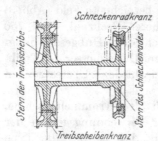

Abb. 4. Verbindung der Treibscheibe
mit dem Schneckenrad.

Durch diese letzterwähnte Anordnung erübrigt sich jede Kraftübertragung über die Welle, die dann gelegentlich nur eine tragende Funktion innehat. Demgemäß ist sie nur einer Biegungsbeanspruchung ausgesetzt; die durch die Kraftübertra-gung verursachte Drehungsspannung tritt
nämlich nur in dem für das Schneckenrad und die Treibscheibe gemein-
samen Körper auf. Die diesbezügliche Verbindung läßt sich entweder so
ausführen, daß die Treibscheibe in einem Stück mit dem Stern des

Schneckenrades gegossen wird, oder man kann sich für die Treibscheibe einen separaten Rillenkranz denken, von dem jedes Modell einem bestimmten Durchmesser entspricht. Diese letztere Anordnung ist mit Rücksicht auf die sich einstellende Rillenabnutzung vorzuziehen, da ein eventueller Austausch hier nur den Rillenkranz berührt. Hiervon abgesehen, ist eine derartige Konstruktion immer da am Platze, wo die Maschine mit mehreren Treibscheiben verschiedener Durchmesser versehen werden muß. In dem Fall kommt nur ein Stern in Betracht, der für den Rillen- sowie für den Zahnkranz gemeinsam ist.

Bei den Treibscheibenwinden fallen die bei der Trommelmaschine gebräuchlichen rechts und links Ausführungen gänzlich fort. Die Lage der Treibscheibe wird von Anfang an bei der Gestaltung festgelegt, einerlei ob rechts oder links, und keine Änderungen kommen nachher an der Ausführung vor. Gerade in dieser einheitlichen Konstruktion und in der Tatsache, daß die Treibscheibenwinde von der Hubhöhe gänzlich unabhängig ist, gipfeln die Vorteile, die diese Type der Trommeltype gegenüber aus Normungsrücksichten bietet.

Auf Grund dessen, daß bei der Treibscheibenwinde keine starre Verbindung zwischen Kabine und Maschine besteht, erübrigt sich der bei den Trommelmaschinen übliche Endausschalter. Nur im Schacht oder auf der Kabine montierte Endausschalter werden bei der neuen Type verwendet. Gleichfalls fällt der bei den Trommeltypen vorkommende Schlaffseilschalter gänzlich fort. Die Seile einer Treibscheibenwinde werden nie schlaff; beim Fangen z. B. und bevor die Maschine zum Stillstand kommt, gleiten die Seile einfach über die Treibscheibe.

Treibscheibenmaschinen werden in der überwiegenden Mehrzahl von Fällen direkt über dem Schacht montiert, und der Aufzug erhält dadurch die denkbar einfachste Ausführung. Wenn die beiden Seilstränge nicht vertikal von der Treibscheibe zu der Kabine und dem Gegengewicht geführt werden können, erfolgt die Seilableitung für den einen dieser Seilstränge über eine zwischen den Maschinenträgern montierte Seilrolle. Der andere Seilstrang wird dann direkt heruntergeleitet, vorzugsweise zu der Kabine. Diese äußerst einfache Seilführung hat zur Folge, daß die Lebensdauer der Seile bei obenliegender Maschine größer wird, als wäre die Maschine unten aufgestellt. In diesem Fall sind nämlich die Tragseile mehreren Seilbiegungen ausgesetzt, die ungünstig auf das Seil wirken.

Es ist bereits erwähnt worden, daß die Kraftübertragung der Treibscheibenwinde in dem Moment aufhört, da der Weg der abwärtsfahrenden Kabine bzw. des Gegengewichtes versperrt wird. Gerade hierin liegt eine Sicherheit, die die Trommeltype nicht besitzt. Das oben Gesagte hat stets seine Richtigkeit bei niedrigeren Hubhöhen, wie sie heute in Europa vorkommen, und gilt auch im Prinzip bei den größten Hubhöhen, die z. Z. in Amerika erreicht sind, obgleich hier das Gewicht der Tragseile auf der Seite des anstoßenden Körpers sehr erheblich sein kann. Es ist hier nur zu bemerken, daß die Länge des Auslaufweges des aufwärtsfahrenden Körpers durch das Seilgewicht auf der anderen Seite beeinflußt wird, welcher beim Festlegen der oberen freien Schachthöhe Rechnung getragen werden muß.

Bei den Treibscheibenwinden lassen sich ohne Schwierigkeit eine größere Anzahl von Tragseilen anbringen, als es bei den Trommel-

Aufzugsmaschine mit Treibscheibenantrieb (The Houghton Elevator & Machine Co., Toledo, Ohio, U.S.A.).

maschinen der Fall ist, und was dieses für die Sicherheit gegen Seilbruch bedeutet, liegt klar auf der Hand. Seit der Einführung der Treibscheibenaufzüge weist z. B. die amerikanische Statistik auf keinen Unglücksfall hin, der durch Seilbruch verursacht ist. Zwar ist jeder Aufzug mit einer Fangvorrichtung versehen, deren Aufgabe unter anderem die ist, beim Seilbruch ein Abstürzen der Kabine zu verhindern. Da aber das plötzliche Fangen — sogar bei Gleitfangvorrichtungen — bei den nichts ahnenden Fahrgästen ein Gefühl des Schreckens verursacht, wenn nicht gar körperlicher Schaden hinzutritt, so liegt es in unserem Interesse die Möglichkeit eines Seilbruches auf ein Minimum zu beschränken. In dieser Hinsicht bietet uns die Treibscheibenwinde der Trommeltype gegenüber nicht zu unterschätzende Vorteile. Für das Wohl der Fahrgäste ist es besser durch eine Mehrzahl von Tragseilen sich vor Seilbruch zu sichern, als die Folgen eines Seilbruches durch die Fangvorrichtung zu verhindern.

3. Vergleich der verschiedenen Rillenformen. Als Ersatz für die Weglassung der Gegenscheibe bei den Treibscheibenwinden mit einfacher Umschlingung treten entweder keilförmige oder unterschnittene Rillen mit Seilsitz. Obgleich die letzterwähnte Rille als die Grundtype zu betrachten ist, so besteht doch die Tatsache, daß sie in konstruktiver Hinsicht aus der keilförmigen Rille hervorgegangen ist. Man hat nämlich lange beobachtet, daß die keilförmige Rille ihr Profil verändert. Statt des anfangs flachen Anliegens des Seiles (Abb. 5a) findet man nach einer Zeit einen durch die Abnutzung verursachten mehr oder weniger hervortretenden Seilsitz vor (Abb. 5b). Ein Seiltrieb mit

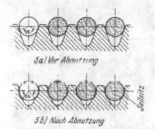

Abb. 5a und b. Keilförmige Rillen.

Abb. 6a und b. Halbrunde Rillen.

Seilklemmung besteht anfänglich; er hört aber mit zunehmender Abnutzung und unter gleichzeitiger Verminderung der zwischen Seil und Scheibe bestehenden Reibung sowie der spezifischen Auflagepressung allmählich auf.

Bei einer fortgesetzten Abnutzung verkleinert sich nämlich der Zentriwinkel α mehr und mehr, bis zuletzt $\alpha = 0$ ist, d. h. die anfänglich keilförmige Rille ist dann in die gewöhnliche halbrunde Rille (Abb. 6a) übergegangen. In der Praxis läßt sich selbstverständlich ein derartiger Grenzfall nie erreichen; die Treibscheibenwinde ist schon längst außer Betrieb gesetzt, da die für die Kraftübertragung erforderliche Seilreibung nicht mehr vorhanden ist. Die Größe des Zentriwinkels, bei der der Aufzug nicht mehr funktioniert, hängt von dem Verhältnis der in den beiden Seilsträngen auftretenden Belastungen ab.

Um nun diesen Übelstand zu beseitigen, der seinen Grund in einer durch die Abnutzung hervorgerufenen stetigen Verminderung des Zentriwinkels hat, ist man auf den Gedanken gekommen, durch einen geradlinigen Unterschnitt (Abb. 6b) den Zentriwinkel konstant zu halten. Der Wert dieses Winkels kann rechnerisch festgelegt werden, und man hat somit ein Mittel in der Hand, diesen Winkel so zu bestimmen, daß die sich ergebende Reibung für die erforderliche Kraftübertragung vollkommen ausreicht.

Die unterschnittene Rille besitzt den großen Vorteil über die keilförmige Rille, daß die Abnutzung keinen vermindernden Einfluß auf die bestehende Reibung hat. Außerdem ist die hier einsetzende Abnutzung eine ganz natürliche und ist nicht durch irgendeine Relativbewegung zwischen Seil und Rille hervorgerufen, die ihren Grund in einer unzureichenden Reibung hat. Wie oben erwähnt, tritt diese Erscheinung bei

Aufzugsmaschine mit Treibscheibenantrieb (Otis Elevator Company, New York, U.S.A.).

den keilförmigen Rillen stets auf, wenn durch die Abnutzung der Zentriwinkel für zuverlässigen Reibungsschluß zu klein wird.

Weitere Vorteile dieser unterschnittenen Rillenform sind darin zu suchen, daß man bereits von vorn herein dem Seil eine Auflagefläche bereitet hat, wodurch die Voraussetzungen für etwaige Seilbeschädigungen und ungleiche Rillendurchmesser weitmöglichst ausgeschieden sind. Bei den keilförmigen Rillen dagegen wird der Seilsitz vom Seil geschnitten, ein Schneidewerkzeug, welches nicht besonders zu empfehlen ist. Die Gußstruktur ist nämlich nicht überall gleichartig, und folglich schneidet das Seil tiefer in die weicheren als in die härteren Gußstellen ein. Unter diesen Umständen tritt bald ein Unterschied in den Rillendurchmessern ein, und das dadurch hervorgerufene Seilgleiten beschleunigt in noch höherem Grade die Abnutzung. Die Überlegenheit der unterschnittenen Seilrille mit Seilsitz ist hierdurch deutlich zu erkennen, und die Verwendung dieser Rillenart besonders bei Aufzügen mit regem Verkehr sollte überall dort, wo die Belastungsverhältnisse es erlauben, nicht unterlassen werden.

B. Der Ausgleich des Gewichts der Tragseile.

4. Zweck des Ausgleiches. Denkt man sich der Einfachheit halber eine Aufzugsanordnung, wo die Kabinen- und Gegengewichtsseile direkt von der obenliegenden Maschine herunterführen, dann ist es evident, daß bei untenstehender Kabine das ganze Seilgewicht auf die Kabinenseite kommt. Die Seilbelastung auf dieser Seite der Treibscheibe rührt dann teils von der belasteten oder leeren Kabine teils von dem Seilgewicht her. Auf der Gegengewichtsseite dagegen hängt die Seilbelastung nur von dem Gegengewicht ab. Während der Aufwärtsfahrt geschieht eine allmähliche Überführung des Seilgewichts nach der Gegengewichtsseite hin, und wenn die Kabine an der obersten Haltestelle ankommt, liegt also das Seilgewicht gänzlich auf der Gegengewichtsseite.

Durch diese Überführung des Seilgewichts von der einen Seite nach der anderen hin, wird das Verhältnis der in den beiden Seilsträngen auftretenden Spannungen größer und die Kraftübertragung erfordert einen höheren Reibungsschluß zwischen Seil und Rille, als wäre das Seilgewicht durch das Anbringen von Unterseilen oder einer Unterkette ausgeglichen. Auf dieses Problem wird im Abschnitt II, D näher eingegangen, und es genügt hier die Feststellung, daß je kleiner dieses Belastungsverhältnis bei Treibscheibenaufzügen ist, desto günstiger kann das Rillenprofil gewählt werden. Bei dieser Aufzugsart

Abb. 7a und b. Seilausgleich für Aufhängung 1:1 durch Unterseile zwischen Kabine und Gegengewicht.

dient also der Seilausgleich dem Zweck das Verhältnis der an den beiden Seilsträngen auftretenden Belastungen weitmöglichst herunterzubringen. Daß der Seilausgleich außerdem die Unabhängigkeit des Lastmoments der Treibscheibe von der Kabinen- und Gegengewichtslage im Schacht bewirkt, spielt hier eine untergeordnete Rolle.

Die Ausgleichsmethode, die bei den Treibscheibenaufzügen fast ausschließlich zur Verwendung kommt, besteht aus einer Kette oder mehreren Seilen, die das Gegengewicht mit der Kabine verbinden (Abb. 1, 7 und 8). Das Gewicht dieses „Unterseiles" pro Längeneinheit kommt hier dem der Tragseile gleich. Abgesehen davon, daß diese Methode zu einem besonders vorteilhaften Belastungsverhältnis führt, ist sie auch rein wirtschaftlich zu bevorzugen, indem das hierfür zu verwendende Material in bezug auf Gewicht am geringsten ist.

Selbstverständlich trifft es manchmal zu, daß diese Methode auf Grund bautechnischer Verhältnisse nicht ausführbar ist, wie z. B. wenn das Gegengewicht in einen besonderen Schacht verlegt werden muß. Für den Seilausgleich empfiehlt sich dann die Verwendung von zwei getrennten Unterseilen oder Ketten, die von der Mitte des Kabinenschachtes bis zu der Kabine und von der Mitte des Gegengewichtschach-

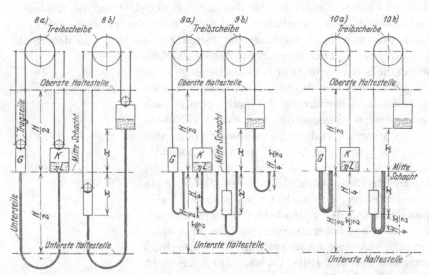

Abb. 8a und b. Seilausgleich für Aufhängung 2:1 durch Unterseile zwischen Kabine und Gegengewicht.

Abb. 9a und b. Seilausgleich durch Unterseile zwischen Kabine bzw. Gegengewicht und Mitte Schacht.

Abb. 10a und b. Seilausgleich durch Unterseile zwischen Gegengewicht und Mitte Schacht.

tes bis zu dem Gegengewicht führen (Abb. 9). In diesem Fall muß das Gewicht der Unterseile pro Längeeinheit das doppelte von dem der Tragseile sein; in dieser Beziehung steht somit diese Ausgleichsmethode hinter der oben angeführten.

Es lassen sich auch andere Methoden des Ausgleiches denken, die sich jedoch mit den vorher besprochenen nicht messen können. Unter diesen sei hier noch diejenige erwähnt, die nur einen einseitigen Ausgleich bewirkt, wie z. B. durch das Anbringen von Unterseilen, die entweder die Kabine oder das Gegengewicht mit der Mitte des Schachtes verbinden (Abb. 10).

5. Gewicht der Unterseile bei verschiedenen Ausgleichsmethoden. Das Gewicht der Unterseile fällt je nach der zu verwendenden Ausgleichsmethode verschieden aus. Eine diesbezügliche Analyse läßt sich am einfachsten ausführen, falls man sich die Kabine in zwei verschiedenen Schachtlagen vorstellt, von denen die eine die Mittellage ist, in der sich die Kabine und das Gegengewicht auf derselben Höhe befinden (vgl. Abb. 7, 8, 9 und 10). Denkt man sich ferner der Einfachheit wegen das Gegengewicht von derselben Länge wie die Kabinenhöhe und in der Kabine eine Last, die dem ausbalancierten Teil der Nutzlast gleichkommt, dann muß das ganze System im Gleichgewicht sein, und folglich die unten angegebenen Beziehungen bestehen.

Bezeichnen

K das Kabinengewicht,
L die Nutzlast,
η die prozentuale Ausbalancierung der Nutzlast,
G das Gegengewicht,
p das Gewicht der Tragseile pro Längeeinheit,
q das Gewicht der Unterseile pro Längeeinheit,
H die Hubhöhe,
x die Lage der Kabine bzw. des Gegengewichts von der Mitte des Schachtes,

dann lauten diese Beziehungen:

$$G = K + \eta \cdot L \qquad \text{(Abb. 7a)}$$
$$G + 2\,x\,p = K + \eta \cdot L + 2\,xq \qquad \text{(Abb. 7b)}$$

und daher

$$q = p$$

d. h. das Gewicht der Unterseile pro Längeeinheit muß dem der Tragseile gleich sein.

Unter Beibehaltung derselben Ausgleichsmethode lauten für die in Abb. 8 angegebene Aufzugsordnung (Aufhängung 2:1) die Beziehungen:

$$G = K + \eta \cdot L \qquad \text{(Abb. 8a)}$$
$$G + 2\,x\,p = K + \eta \cdot L + 0{,}5 \cdot 2\,xq \qquad \text{(Abb. 8b)}$$

und daher

$$q = 2\,p.$$

Das Gewicht der Unterseile pro Längeeinheit muß also hier das doppelte des der Tragseile betragen.

Für die zweite Ausgleichsmethode, die durch zwei getrennte Unterseile gekennzeichnet ist, lauten die Beziehungen:

$$G = K + \eta \cdot L \qquad \text{(Abb. 9a)}$$
$$G + 2\,x\,p + q \cdot \left(\frac{H}{4} - \frac{x}{2}\right) = K + \eta \cdot L + q \cdot \left(\frac{H}{4} + \frac{x}{2}\right) \qquad \text{(Abb. 9b)}$$

und daher

$$q = 2\,p.$$

Es zeigt sich hier, daß das Gewicht der Unterseile pro Längeeinheit das zweifache des der Tragseile sein muß oder genau wie in dem vorigen Fall.

Wiederum, untersucht man die in Abb. 10 gezeigte Aufzugsanord-nung, so kommen für Gleichgewicht die folgenden Beziehungen in Betracht:

$$G + q \cdot \frac{H}{4} = K + \eta \cdot L, \qquad \text{(Abb. 10a)}$$

$$G + 2\,x\,p + q \cdot \left(\frac{H}{4} - \frac{x}{2}\right) = K + \eta \cdot L, \qquad \text{(Abb. 10b)}$$

und daher

$$q = 4\,p.$$

Abgesehen davon, daß in diesem Fall das Gewicht der Unterseile pro Längeneinheit das vierfache des der Tragseile ausmacht, ist es hier von besonderem Interesse zu bemerken, daß das Gegengewicht mit dem Betrag $q \cdot \frac{H}{4}$ kleiner sein muß als in den vorher angeführten Fällen.

Treibscheibenwinde mit Zusatzantrieb für Feineinstellung (Aufzugsfirma Carl Flohr A.-G., Berlin).

In ähnlicher Weise lassen sich andere Anordnungen untersuchen, und es wird sich dabei zeigen, daß es keine bessere Methode für den Seilausgleich gibt als diejenige, welche aus einem die Kabine mit dem Gegengewicht verbindenden „Unterseil" besteht. Sollten hierfür mehrere Seile zur Verwendung kommen, so werden sie im allgemeinen über eine unten im Schacht befindliche Scheibe geleitet (Abb. 1). Diese Scheibe wird dann in einen Rahmen montiert, der zwischen Führungen beweglich ist. An diesem Rahmen werden manchmal Gewichte befestigt, die einen gewissen Ausgleich hervorrufen, der wiederum zur Verminderung des vorher erwähnten Belastungsverhältnisses und des zur Kraftübertragung erforderlichen Reibungsschlusses beiträgt.

Es sei hier bemerkt, daß bei den Treibscheibenaufzügen die Ausbalancierung durch das Gegengewicht ebenfalls dem Zweck dient, das Belastungsverhältnis der beiden Seilstränge auf ein Minimum zu bringen. Man kommt diesem Ziel am nächsten, falls durch das Gegengewicht außer dem Kabinengewicht ca. 40 % der Nutzlast ausgeglichen wird.

C. Die Betriebsicherheit.

6. Die Tragseile und die Vorrichtungen für den Belastungsausgleich. Wenden wir nun unsere Aufmerksamkeit den für die Treibscheibenaufzüge charakteristischen Anordnungen zu, die zur Erhöhung der Betriebsicherheit führen, so finden wir in erster Linie die hier auftretende große Anzahl der Tragseile, die uns das Gefühl der größten Sicherheit geben. Durch diese Zahl, die sich bei direkter Aufhängung der Kabine gewöhnlich zwischen 4 und 8 hält, ist die durch Seilbruch bei den Trommelaufzügen entstehende Gefahr hier wohl gänzlich ausgeschlossen. Infolgedessen ist eine Verbindung zwischen den Tragseilen und der Fangvorrichtung hier nicht von derselben Bedeutung wie bei den Trommelaufzügen, und demzufolge wird die Fangvorrichtung bei den Treibscheibenaufzügen fast ausschließlich nur durch den Geschwindigkeitsregler ausgelöst.

Grundlegend für die bei den Treibscheibenaufzügen erforderliche Anzahl der Tragseile ist der zwischen Seil und Rille auftretende spezifische Flächendruck, der für eine gewisse „Lebensdauer" der Rille zu bemessen ist. Selbstverständlich unterliegt sowohl das Seil wie die Rille der nie zu vermeidenden Abnutzung; da aber jedes Rillenelement viel öfter in Berührung mit dem Seil kommt als umgekehrt, ist die Rille einer größeren Abnutzung ausgesetzt. In Wirklichkeit spielt die Abnutzung der hier zu verwendenden Stahldrahtseile eine untergeordnete Rolle, da die Seilzerstörung wohl des öfteren auf die sich immer wiederholenden Seilbiegungen zurückzuführen ist.

Bei dieser Aufzugsart ist also eine Seilberechnung, die nur Rücksicht auf die auftretenden Zug- und Biegungsbeanspruchungen nimmt, nicht ausreichend. Eine noch größere Bedeutung ist hier dem spezifischen Flächendruck zwischen Seil und Rille beizumessen, und eine der schwierigsten Aufgaben, die uns auf dem Gebiet der Treibscheibenaufzüge begegnet, ist gerade die Bestimmung des für verschiedene Fälle zulässigen Flächendruckes und somit der Seilbelastung, die gestattet werden kann. Eine Folge dieser Berechnungsweise ist, daß unter den gleichen Verhältnissen die für die Belastung erforderliche Seilzahl hier eine größere wird als bei den Trommelaufzügen, und dementsprechend erhöht sich auch der Sicherheitsgrad.

Unter den zahlreichen Seilarten, die z. Z. hergestellt werden, sei hier nur eine in Amerika bevorzugte Seilkonstruktion, die sogen. ,,Seale lay" erwähnt, die für Treibscheibenaufzüge das bisherige beste Resultat aufweist. Dieses Seil besteht aus sechs Litzen, von denen jede 19, 21 oder 27 Drähte von wenigstens drei verschiedenen Größen enthält. Mit Rücksicht auf die Abnutzung ist die äußere Drahtlage jeder Litze von den stärksten Drähten gebildet, außerdem sind sie vom weicheren Material (0,4 bis 0,5% C) — um die Treibscheibe einigermaßen zu schonen — als die kleineren Innendrähte, die aus sog. Pflugstahl mit 0,65% C hergestellt sind.

Betrachten wir bei dieser Seilart die konzentrischen Lagen der Drähte, die in verschiedenem Sinne gewickelt sind, um ein nahezu drallfreies Seil zu bekommen, dann läßt sich der Aufbau der einzelnen Litzen wie folgt ausdrücken:

$$1—9—9 \qquad \text{insgesamt 19 Drähte je Litze,}$$
$$1—5—5—10 \qquad ,, \qquad 21 \quad ,, \quad ,, \quad ,,$$
$$1—6—10—10 \qquad ,, \qquad 27 \quad ,, \quad ,, \quad ,,$$

Beispielsweise würde sich dann laut der letzten Anordnung die Konstruktion eines $^5/_8{}''$-Seiles wie folgt gestalten: Um den Kerndraht von 0,023" Durchmesser einer jeden Litze sind sechs Drähte, ebenfalls von 0,023" Durchmesser, links gewickelt. Die nächste Drahtlage besteht aus zehn rechtsgängigen Drähten von 0,027" Durchmesser und die Außenlage gleichfalls aus zehn Drähten, die jedoch von 0,045" Durchmesser sind.

Der zulässige Flächendruck ist selbstverständlich ebenfalls von der Seilkonstruktion abhängig. Wo die Lagerung des Seiles in der Rille der Treibscheibe eine günstige ist, wie z. B. bei einem Längsschlagseil, kann ein höherer Druckwert gewählt werden, als es bei der Verwendung von einem Kreuzschlagseil der Fall ist. Infolge der Neigung des Drahtes bei der erstgenannten Seilart ergibt sich hier eine linienflächige Berührung zwischen Seil und Rille; bei der letztgenannten dagegen erfolgt die Berührung nur durch Punktflächen, da hier der Draht im umgekehrten Sinne wie die Litze verläuft. Für ein Längsschlagseil verteilt sich also die Abnutzung auf eine größere Fläche als für ein Kreuzschlagseil, und danach richtet sich also die Größe des zulässigen Flächendruckes.

Das Vorhandensein von Spannungsdifferenzen in den Tragseilen, die in dem hier auftretenden Schleichphänomen und in der dadurch verursachten ungleichen Rillenabnutzung ihren Grund haben, sucht man durch die Einführung von Ausgleichvorrichtungen weitmöglichst zu beseitigen. Ein theoretisch vollkommener Ausgleich läßt sich allerdings nicht zuwege bringen, da die Seilschleichung in den einzelnen Rillen auch bei gleichbleibenden Rillendurchmesser verschiedentlich auftritt.

Unter den vielen Ausführungen, die heutzutage vorkommen, findet man z. B. ebenfalls die von den Trommelaufzügen altbekannte Hebel-anordnung. Die diesbezügliche Kon-struktion fällt allerdings hier auf Grund der Vielzahl der Seile etwas komplizierter aus, da die einzelnen Hebel untereinander verbunden werden müssen um einen auf sämtliche Seile effektiven Ausgleich aus-üben zu können. In diesem Sinne ist also die in Abb. 11 gezeigte Konstruktion nicht zufriedenstellend, da man hier nicht die Garantie hat, daß jede Seilgruppe den gleichen Anteil der Gesamtbelastung trägt. Jedes Seil ist nämlich um eine Seilkausche a gelegt und an derselben be-festigt. Die Kauschen sind nebeneinander in zwei Reihen zwischen den beiden Quer-balken b des Kabinenrahmens um die Bolzen c drehbar einmontiert. Sie sind

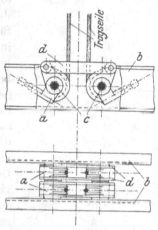

Abb. 11. Hebelanordnung für den Spannungsausgleich der Tragseile.

ferner durch die Verbindungsstücke d paarweise miteinander verbunden.

Als Beispiel einer effektiven Ausgleichanordnung nach dem Hebel-prinzip sei hier der in Amerika vorkommende „Wright Equalizer", der für jede Seilzahl gebaut wird, erwähnt. Je nach der Anzahl der Seile setzt sich diese Konstruktion aus mehreren untereinander verbundenen Hebeln zusammen; so z. B. sind fünf Hebel für den Ausgleich von sechs Seilen erforderlich. Die Hebelarme sind je nach der Zahl angreifender Seile verschiedentlich zu bemessen; in dem angeführten Beispiel sind drei der Hebel von gleichen, die übrigen zwei von ungleichen Armlängen.

Nach einem gänzlich anderen Prinzip ist die in Abb. 12 gezeigte Vor-richtung aufgebaut, die allerdings nicht automatisch ausgleichend wirkt, sondern lediglich nur dem Zweck dient, das Entstehen größerer Differen-zen in den Seilspannungen für eine gewisse Zeitdauer zu verhüten. Jedes Seil ist hier mit einer um die Zugstange a liegenden Feder b versehen, die gegen eine zwischen den oberen Querbalken c des Kabinenrahmens

2*

drehbar montierte runde Tragplatte *d* anliegt. Durch diese Anordnung kann die Platte bei der Montage für irgendeine Lage der Treibscheibe eingestellt werden, und eine für die Seile dem besonderen Fall entsprechende zweckmäßige Führung ist somit gesichert. Ähnlich werden die Tragseile an dem Gegengewicht befestigt, obgleich man hier des beschränkten Platzes wegen auf die Drehplatte verzichten muß. Um jedoch der Vorteile des Seileinstellens nicht verlustig zu gehen, ist das Oberstück des Gegengewichtes mit mehreren eingegossenen Löchern für die Zugstangen versehen, die je nach Bedarf zu benutzen sind.

Die Federn müssen von Zeit zu Zeit nachgestellt werden, da gewisse Bedingungen (vgl. Abschnitt 15) mit dem einwandsfreien Fungieren dieser Vorrichtung verknüpft sind. Diese Justierung läßt sich am einfachsten da ausführen, wo die Kabine und das Gegengewicht in demselben Schacht laufen, weil die diesbezügliche Arbeit dann vom Dach der Kabine bewerkstelligt werden kann. Zunächst werden sämtliche Federn auf der Kabinenseite für die gleiche Spannkraft eingestellt und zwar durch das Nachstellen von den Muttern der Zugstangen (vgl. Abb. 12). Nachher verfährt man in gleicher Weise mit den Gegengewichtsfedern. Diese müssen selbstverständlich so elastisch gewählt werden, daß die durch Abnutzung entstehende Differenz der einzelnen Rillendurchmesser für eine gewisse Zeitdauer keinen nennenswerten Unterschied in den Seilspannungen verursacht.

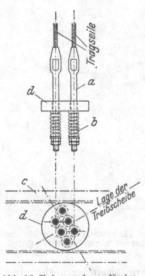

Abb. 12. Federanordnung für den Spannungsausgleich der Tragseile.

Würden wir nun einen Vergleich zwischen den oben skizzierten Ausführungen anstellen, so ist es leicht einzusehen, daß die Federanordnung, was die Ausgleichwirkung betrifft, der Hebelvorrichtung unterlegen ist. Jedoch besitzt sie gewisse konstruktive Vorteile, die bei den Hebeln nicht vorhanden sind. Die Federn lassen sich nämlich mit Leichtigkeit dicht an einander montieren, und für das Einstellen der Seile für irgendeine Lage der Treibscheibe ist hier durch die drehbare Tragplatte aufs beste gesorgt. Die Hebeln wiederum nehmen einen bedeutend größeren Platz in Anspruch, außerdem ist es hier mit gewissen Schwierigkeiten verbunden, die Befestigung einer Vielzahl von Seilen so zu konzentrieren, daß eine gute Seilführung zu den dicht liegenden Rillen der Treibscheibe gewährleistet wird.

Während die Federn sich gleichzeitig an der Kabine sowie am Gegengewicht verwenden lassen und somit zum Ausgleich der Seilbelastungen an beiden Seiten der Treibscheibe beitragen, so gestattet die Hebelanordnung nur eine einseitige Verwendung, d. h. sie kann entweder auf der Kabine oder auf dem Gegengewicht angebracht werden, jedoch nicht gleichzeitig auf beiden Seiten. Demgemäß gestaltet sich der Ausgleich ebenfalls einseitig. Wird eine Hebelanordnung gleichzeitig an beiden Stellen verwendet, so würde sich nach einiger Zeit ein Zustand des gänzlichen Versagens der Ausgleichwirkung einstellen (vgl. Abschnitt 14).

7. Zweck und Gestaltung der Puffervorrichtung. Zur normalen Ausrüstung des Treibscheibenaufzugs gehört auch die Puffervorrichtung, die dem Zweck dient, beim Versagen der Betriebsendabstellung den Aufzug möglichst stoßfrei zum Stillstand zu bringen. Die Puffervorrichtungen sind unten im Schacht angebracht (Abb. 1) und verhindern die Kabine oder das Gegengewicht von einem Überfahren der unteren Grenzlage. Indirekt und zwar durch das Aufhören der Kraftübertragung, welches bei dieser Aufzugstype eintritt, wenn der abwärtsfahrende Körper zum Aufsetzen kommt, ist gleichzeitig eine obere Grenzlage geschaffen, und ein Überschreiten dieser Lage seitens der Kabine oder des Gegengewichtes ist gänzlich ausgeschlossen. Man braucht also bei dieser Aufzugsart ein Hereinfahren in das Obergerüst nie zu befürchten, und hierin liegt eine besondere Sicherheit des Betriebes, die man bei den Trommelaufzügen nicht findet.

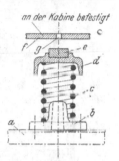

Abb. 13. Federpuffer für Kabine und Gegengewicht.

Die verschiedenen Puffervorrichtungen, die die Praxis aufweist, lassen sich in zwei Haupttypen gruppieren, die Federpuffer und die Ölpuffer. Die Grenze der einschlägigen Verwendungsgebiete liegt zwischen den Hubgeschwindigkeiten 1,75 und 2,0 m/sek, d. h. der Federpuffer findet seine Anwendung bis zu einer Geschwindigkeit von 1,75 m/sek und darüber hinaus kommt nur der Ölpuffer in Betracht. Trägt man diese Daten in das Diagramm (Abb. 3) ein, dann findet man, daß bei den Treibscheibenwinden mit Gegenscheibe nur Ölpuffer zur Verwendung kommen: Bei der anderen Winde dagegen finden beide Pufferarten Berücksichtigung; der Ölpuffer jedoch nur für Hubgeschwindigkeiten, die 2,0, 2,25 und 2,5 m/sek umfassen.

Wie aus Abb. 13 hervorgeht ist die Konstruktion des Federpuffers sehr einfach, und gestaltet sich im Prinzip wie folgt. Auf einem die beiden Führungen verbindenden Profileisen *a* ist eine gußeiserne Druckplatte *b* montiert, die die Feder *c* in ihrer Lage hält. Über der Feder liegt die Anschlagsplatte *d*, die in der Mitte ein Gummistück *e* zur Aufnahme des ersten Anpralls hat. Unter der Kabine bzw. dem Gegengewicht befindet sich eine zweite Anschlagsplatte *f*, die mit einem Loch *g* zur Verhütung eines Vakuums versehen ist.

· Die Feder ist so zu bemessen, daß die maximale Verzögernug einem Wert von $2,5\,g = 2,5 \cdot 9,81$ m/sek² nicht überschreitet. Durch Versuche hat es sich nämlich herausgestellt, daß eine größere Verzögerung bei den Fahrgästen ein unangenehmes Gefühl hervorruft, und daß eine Verzögerung über 3 g als gefährlich anzusehen ist. Ferner ist bei der Dimensionierung darauf Acht zu geben, daß die Durchmesser der zur Verwendung kommenden Federn sich innerhalb Grenzen halten, die die Anwendung derselben Anschlagsplatte *d* gestattet. Die Höhe der Feder muß so gering wie möglich gehalten werden um nicht eine unnötig tiefe Schachtgrube zu beanspruchen. Dieses Bestreben führt auch dazu, daß man lieber zwei kleinere als einen großen Puffer verwendet. Hierdurch erreicht man auch einen für die Normung nicht zu unterschätzenden Vorteil.

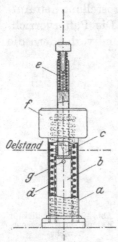

Abb. 14. Kabinen-Ölpuffer.

Abb. 14 zeigt einen Ölpuffer in einer für die Kabine typischen Konstruktion. Das äußere Gehäuse *a* umfaßt einen inneren gelöcherten Zylinder *b*, worin der Kolben *c* sich bewegen kann. Durch die Feder *d* ist der Kolben, der vom leichten Material herzustellen ist, in seiner höchsten Lage gehalten. Das Gehäuse sowie der innere Zylinder ist zu einer gewissen Höhe mit Öl gefüllt. Beim Anprall der Kabine wird zunächst die kleine Feder *e* zusammengepreßt, und hierdurch wird der Kolben allmählich auf die Geschwindigkeit der Kabine gebracht. Der sich abwärts bewegende Kolben treibt das Öl in das äußere Gehäuse durch die Löcher des inneren Zylinders, und das Öl steigt in den obenliegenden Behälter *f*. Die Anzahl, Größe und Lage der Löcher ist so zu bemessen, daß der Widerstand, den das Öl dem Kolben bietet, die gewünschte Verzögerungskraft gibt. Um die Bewegung des Kolbens anfänglich nicht zu hindern, ist der Zylinder mit einem Kranz von größeren Löchern *g* versehen. Nach Abfahrt der Kabine wird der Kolben durch die Feder *d* in seine Anfangsstellung zurückgebracht.

Im Gegensatz zu dem Kabinenpuffer wird der Gegengewichtspuffer gewöhnlich direkt am Gegengewicht befestigt, und dessen Gewicht kommt somit dem Gegengewicht zugute. Obgleich die Wirkungsweise im Prinzip die gleiche ist, kommen für die Gestaltung andere Gesichtspunkte in Betracht, die auf die Art der Befestigung zurückzuführen sind (Abb. 15). Fährt die Kabine an der obersten Haltestelle vorbei, dann prallt der

Zylinder *a* gegen den auf Federn oder einer Korkplatte montierten Stoßblock *b* an und kommt zum Stillstand. Indessen setzt der Kolben *c* seine Bewegung fort, die aber allmählich durch den Öldruck gehemmt wird. In diesem Fall ist der Kolben mit Vertikalrillen versehen, wodurch das Öl beim Anprall vom Zylinder in den Behälter *d* fließt.

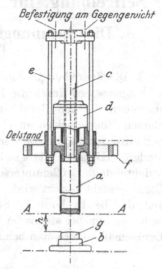

Als Gleitschienen für das Gehäuse dienen die Befestigungsstangen *e*, außerdem wird das Gehäuse durch die Führungsschuhe *f* von einer Drehung verhindert. Der Stoßblock *b* ist mit abnehmbaren Holzstücken *g* versehen, um die Überfahrt der Kabine an der oberen Haltestelle von der Seilverlängerung unabhängig zu machen. Bezeichnet nämlich *A — A* die Pufferlage, wenn die Kabine sich an der obersten Haltestelle befindet, dann gibt *h* die gestattete Überfahrt der Kabine an. Durch das Abnehmen der Holzstücke *g* läßt sich dieser Abstand konstant halten.

Abb. 15. Gegengewicht-Ölpuffer

Aufzugsmaschine mit Treibscheibenantrieb (The Atlantic Elevator Company, Philadelphia, U.S.A.).

II. Die Theorie der Kraftübertragung durch Seilreibung, ihr Wesen und ihre Eigenart.

A. Die Spannungsverteilung im Seil über der Treibscheibe.

8. Die Seilreibung. Wird ein um eine festgehaltene Seilscheibe geschlungenes Seil durch die Kräfte S_1 und S_2 (Abb. 16) gespannt, dann entstehen an der Berührungsfläche Auflagedrucke, die die äußerst kleinen Unebenheiten an Seil und Scheibe zum Eingriff bringen; das Seil wird sozusagen von der Scheibe festgehalten und am Gleiten verhindert. Hieraus erklärt sich der Umstand, daß die Spannkräfte einen bedeutenden Größenunterschied aufweisen können, ohne daß das Gleichgewicht gestört wird. Ebenfalls versteht man hieraus die Möglichkeit, daß bei Drehung der Scheibe die Spannkraft im auflaufenden Seil bedeutend größer als die im ablaufenden Seil sein kann oder umgekehrt. Demgemäß konnte man behaupten, daß die Unebenheiten als Vermittler der Kraftübertragung dienen.

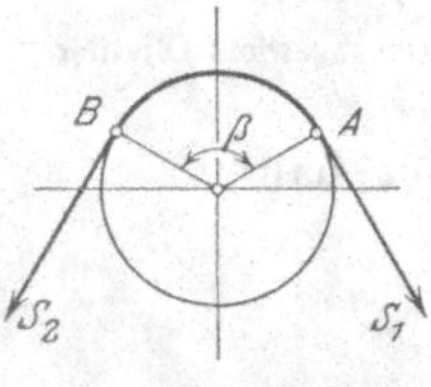

Aus dem Gesagten geht hervor, daß ein Gleiten erst dann erfolgt, wenn die Differenz der Spannungen S_2 und S_1 so groß wird, daß die Unebenheiten übereinander

Abb. 16.   Abb. 17.
Diagramme zur Ermittlung des Verteilungsgesetzes der Spannkräfte.

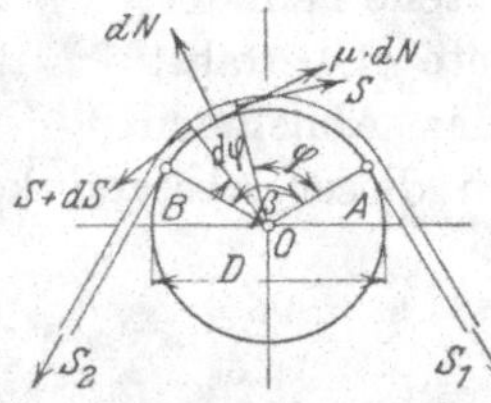

gleiten, einander zerstören oder seitwärts abbiegen. In dem Moment, da eine Relativbewegung der Berührungsflächen auftritt, setzen sich die Reibungskräfte dieser Bewegung entgegen und tragen somit zur Kraftübertragung bei. Aus den Vorgängen, die sich in diesem Augenblick abspielen, läßt sich der Zusammenhang der einschlägigen Faktoren bestimmen, und man erhält das Gesetz der im Seil zwischen den Punkten A und B (Abb. 16) auftretenden Verteilung der Spannkräfte. In gleichem Sinn ändern sich die Auflagedrucke; ist z. B. die Spannung S_2 die größere, dann nehmen diese Drucke von B zu A ab.

Um das Gesetz der Verteilung der auftretenden Kräfte ermitteln zu können, müssen die Kraftverhältnisse an einem Seilelement untersucht werden. An den Schnittflächen eines solchen Elements vom Zentriwinkel $d\varphi$ (Abb. 17) wirken die Spannkräfte S und $S + dS$, ferner an der Auflagefläche dieses Seilelementes der Normaldruck dN und die diesem Normaldruck entsprechende Reibungskraft $\mu \cdot dN$, wobei μ

die Reibungszahl ist. Für das Gleichgewicht dieser Kräfte muß die Beziehung bestehen:

$$dN = S \cdot \sin\frac{d\varphi}{2} + (S + dS) \cdot \sin\frac{d\varphi}{2}$$

oder, da bei kleinen Winkeln der Sinus gleich dem Bogen ist:

$$dN = S \cdot \frac{d\varphi}{2} + (S + dS) \cdot \frac{d\varphi}{2}.$$

Unter Vernachlässigung der unendlich kleinen Größen höherer Ordnung wird dann:

$$dN = S \cdot d\varphi. \tag{1}$$

Ferner ergibt sich aus den Momenten in bezug auf die Drehachse 0:

$$(S + dS) \cdot \frac{D}{2} = S \cdot \frac{D}{2} + \mu \cdot dN \cdot \frac{D}{2}$$

oder

$$dS = \mu \cdot dN. \tag{2}$$

Aus der Gl. (1) und (2) erhält man:

$$\frac{dS}{S} = \mu \cdot d\varphi$$

oder nach der Integration:

$$S = C \cdot \varepsilon^{\mu \cdot \varphi}, \tag{3}$$

worin ε die Basis der natürlichen Logarithmen andeutet. Die Integrationskonstante C läßt sich dadurch bestimmen, daß für $\varphi = 0$ die Seilspannung einen Wert S_1 hat. Demgemäß folgt aus Gl. (3):

$$S_1 = C$$

und

$$S = S_1 \cdot \varepsilon^{\mu \cdot \varphi}. \tag{3a}$$

Diese Gleichung gestattet die Bestimmung der Seilspannung an irgendeiner Umfangsstelle zwischen A und B. Für Punkt B, wo $S = S_2$ und $\varphi = \beta$, lautet die diesbezügliche Beziehung:

$$\frac{S_2}{S_1} = \varepsilon^{\mu \cdot \beta}. \tag{3b}$$

Hieraus ersieht man, daß das Verhältnis der beiden Spannkräfte S_2 und S_1 von der Größe der Reibungszahl μ und des umfaßten, in Bogenmaß gemessenen Winkels β abhängig ist. Ferner besagt diese Gleichung, daß, falls ein Seilgleiten vermieden werden soll, dieses Verhältnis über den Wert $\varepsilon^{\mu \cdot \beta}$ nicht hinausgehen darf.

9. Graphische Darstellung der Spannungsverteilung. Abb. 18 stellt eine Seilscheibe dar, die in der angedeuteten Richtung mit konstanter Geschwindigkeit getrieben wird. Das über die Scheibe führende Seil trägt an seinen Enden Gewichte, die die Seilspannungen S_2 und S_1 hervorrufen. Angenommen, daß S_2 größer als S_1 ist und ferner, daß die auftretende Reibung gerade ausreicht um das System ohne Seilgleiten in Bewegung zu halten, dann besteht laut Gl. (3a) die Beziehung

$$S = S_1 \cdot \varepsilon^{\mu \cdot \varphi}$$

zwischen S_1 und der Spannung S an irgendeinem Umfangspunkt C. Setzt man die hieraus erhaltenen Spannungswerte strahlenförmig von der Seilscheibe ab, dann ergibt sich das in Abb. 18 eingetragene Spannungsdiagramm, dessen Begrenzung durch eine logarithmische Spirale erfolgt.

Es ist hier von besonderem Interesse zu bemerken, daß die Veränderung der Seilspannungen bereits im Punkt B einsetzt, und daß eine stete Verminderung dieser Spannkräfte im Seil auf seinem Weg über die Treibscheibe stattfindet, bis schließlich im Punkt A die Mindestspannung S_1 erreicht ist. Dieser Vorgang charakterisiert alle Triebwerke, wo eine Kraftübertragung durch Seilreibung vorhanden ist, und überall liegt Gl. (3a) zugrunde für die Verteilung der Seilspannungen. Es ist leicht begreiflich, daß diese Verteilung von der Drehrichtung der Treibscheibe gänzlich unabhängig ist.

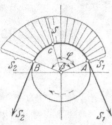

Wird die Spannung S_2 durch Gewichtsveränderung verkleinert — eine Spannungsvergrößerung ruft unserer Hypothese nach sofort ein Seilgleiten hervor — und ist die Drehrichtung der Treibscheibe dieselbe geblieben, dann ändert die logarithmische Begrenzungsspirale ihre Lage nicht, so lange der Ausgangspunkt A und infolgedessen die Spannung S_1 beibehalten wird. In dem Spannungsdiagramm dagegen macht sich eine den neuen Verhältnissen entsprechende Veränderung bemerkbar (Abb. 19a). Es ist nämlich leicht einzusehen, daß die kleinere Spannung S_2' bereits bei dem kleineren Winkel φ_1 erreicht wird, und infolgedessen dient die logarithmische Spirale nur bis zu diesem Punkt C' als Begrenzungslinie. Für die Strecke $A — C$ gilt also die Beziehung

$$\frac{S_2'}{S_1} = \varepsilon^{\mu \cdot \varphi_1}.$$

Über die Strecke $C — B$, in der die Seilspannungen unverändert bleiben, haben sie den konstanten Wert S_2'; der Kreis durch B' bildet hier die Begrenzungslinie und schneidet in C' die logarithmische Spirale. Für einen noch kleineren Wert der Seilspannung in B verschiebt sich der Schnittpunkt C' in der Richtung gegen A'. Fällt der Punkt C' mit A' zusammen, d. h. $S_2' = S_1$, dann haben die Spannkräfte im Seil über der Treibscheibe überall denselben Wert, und als Begrenzungslinie kommt hier ein durch A' gehender Kreis in Betracht.

Denken wir uns nun die Drehrichtung entgegengesetzt, dann ändert

sich, wie bereits erwähnt, das Spannungsdiagramm in keiner Weise
von Abb. 18, falls der vorhandene Reibungsschluß gerade ausreicht um
das System ohne Seilgleiten in Bewegung zu halten. Geht unter diesen
Reibungsverhältnissen die Spannung S_2 durch Gewichtsveränderung
auf den kleineren Wert S_2' herunter, dann ändert sich die Spannungsverteilung im Seil, und man erhält das in Abb. 19b eingetragene
Diagramm.

Die erste Berührung zwischen Seil und Rille findet in Punkt A statt,
und die hier vorhandene Seilspannung S_1 bleibt konstant bis zu dem
Punkt C. Von hier an setzt ein stetes Anwachsen der Spannkräfte ein,
bis schließlich der Höchstwert S_2' in B erreicht ist. Die diesbezügliche
Spannungsverteilung kommt durch das gleiche Gesetz wie vorher

$$\frac{S_2^A}{S_1} = \varepsilon^{\mu \cdot \varphi_1}$$

zum Ausdruck, und der Winkel φ_1 hat infolgedessen denselben Wert

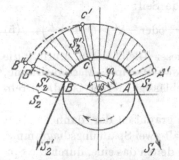
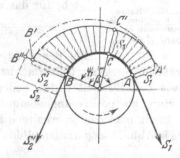

Abb. 19a. Spannungsdiagramm bei teil-
weiser Ausnutzung des Reibungsschlusses.

Abb. 19b. Spannungsdiagramm bei teil-
weiser Ausnutzung des Reibungsschlusses
und bei von Abb. 19a entgegengesetzter
Drehrichtung.

in beiden Diagrammen 19a und 19b. Dieser Zentriwinkel φ_1 ist stets von
dem Punkt zu bemessen — in Abb. 19a von A und in Abb. 19b von B —
wo das Seil von der Rille abläuft. Daß die Begrenzungsspiralen in beiden
Fällen die gleichen sind, liegt klar auf der Hand; gleichfalls, daß jede
Änderung der Belastung und der Drehrichtung eine andere Verteilung
der Spannkräfte im Seil zur Folge hat.

**10. Vergleich der Spannungsdiagramme während der Perioden der
Fahrt und der Beschleunigung (oder Verzögerung).** Das bisher in Betracht gezogene Diagramm ist allgemeingültig und gibt also ebenfalls
ein Bild über die Verteilung der Spannkräfte, wie sie während der Be-
schleunigungs- oder Verzögerungsperiode auftreten; doch kommen zu
den statischen Belastungen noch die dynamischen hinzu.

Abb. 20 stellt schematisch einen Aufzug dar, der in der angedeuteten
Richtung läuft, und an dessen Seilenden die beiden Gewichte P und Q

hängen, von denen P größer als Q angenommen ist. Während der Fahrtperiode und unter Vernachlässigung des Seilgewichts sind die Spannkräfte

$$S_2 = P \quad \text{und} \quad S_1 = Q.$$

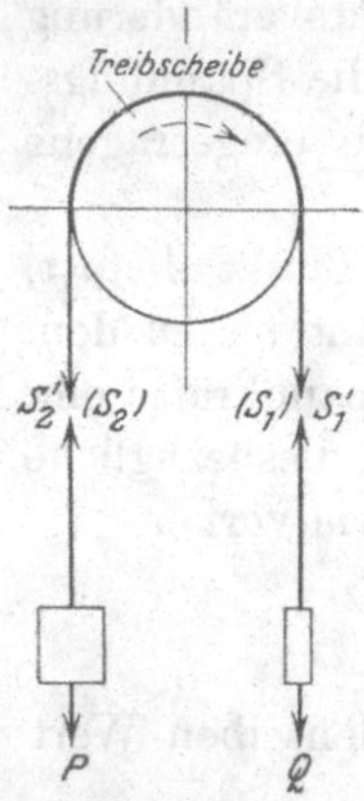

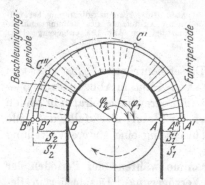

Während der Beschleunigungs- oder Verzögerungsperiode dagegen ergeben sich gänzlich andere Werte. Betrachtet man z. B. die Vorgänge während der Beschleunigungsperiode, und bezeichnet p die Beschleunigung, mit der das System in Bewegung gesetzt wird, dann bestehen laut dem dynamischen Grundgesetz

$$\text{Kraft} = \text{Masse} \times \text{Beschleunigung}$$

die folgenden Beziehungen:

a) für das auflaufende Seil:

$$S_2' - P = \frac{P}{g} \cdot p \quad \text{oder} \quad S_2' = P\left(1 + \frac{p}{g}\right) \qquad (4)$$

b) für das ablaufende Seil:

$$Q - S_1' = \frac{Q}{g} \cdot p \quad \text{oder} \quad S_1' = Q\left(1 - \frac{p}{g}\right). \qquad (5)$$

Abb. 20. Diagramm zur Ermittlung der dynamischen Spannkräfte S_2' und S_1'.

Bei der Aufstellung dieser Gleichungen, worin g die Erdbeschleunigung bedeutet, ist die Gewichts- und Massenwirkung, sowie die Elastizität des Seiles vernachlässigt, ferner ist die Drehrichtung als positiv angenommen.

Stellt man das so erhaltene Ergebnis graphisch dar, dann entsteht das in Abb. 21 eingetragene Bild. Es enthält zwei Spannungsdiagramme, von denen das eine, durch die Spirale $A' - C'$ und den Kreis $C' - B'$ begrenzt, die Verteilung während der Fahrtperiode angibt. Das andere Diagramm, durch die Spirale $A'' - C''$ und den Kreis $C'' - B''$ markiert, zeigt die Verteilung während der Beschleunigungsperiode. In mathematischer Fassung kommt der Unterschied dieser beiden Spannungsdiagramme wie folgt zum Ausdruck:

Abb. 21. Vergleich der Spannungsdiagramme während der Fahrt- und Beschleunigungsperioden.

a) für die Fahrtperiode:

$$\frac{S_2}{S_1} = \varepsilon^{\mu \varphi_1} \qquad (6)$$

b) für die Beschleunigungsperiode:

$$\frac{S_2'}{S_1'} = \varepsilon^{\mu \varphi_2}. \qquad (7)$$

Setzt man in diese Gleichungen die vorher ermittelten S-Werte ein, dann bekommt man

$$\frac{S_2'}{S_1'} > \frac{S_2}{S_1}$$

und folglich

$$\varphi_2 > \varphi_1$$

welches ebenfalls aus Abb. 21 hervorgeht.

In der Praxis ist die Beschleunigung p nicht konstant, sondern weist je nach der Anlaßmethode größere oder kleinere Variationen auf. Jede dieser ruft eine andere Spannungsverteilung im Seil hervor, für welche die Begrenzungslinie $B'' - C'' - A''$ (Abb. 21) charakteristisch ist. Sollten hierbei die Punkte B'' und C'' zusammenfallen, dann deutet dieses darauf hin, daß der vorhandene Reibungsschluß gerade ausreicht um das System ohne Seilgleiten bei der Beschleunigung p in Bewegung zu halten.

Beispiel 1. Als bekannt sind folgende Daten vorausgesetzt (vgl. Abb. 20):

Last- und Kabinengewicht . . . . $P = 3250$ kg,
Gegengewicht . . . . $Q = 2350$ kg,
Beschleunigung . . . . $p = 1,5$ m/s²,
Reibungszahl . . . . $\mu = 0,25.$

Hieraus ergeben sich die Seilspannungen

a) während der Fahrtperiode:

$$S_2 = 3250 \text{ kg} \quad \text{und} \quad S_1 = 2350 \text{ kg};$$

b) während der Beschleunigungsperiode:

aus Gl. (4): $S_2' = 3750$ kg,
aus Gl. (5): $S_1' = 1990$ kg.

Für die Konstruktion der beiden Begrenzungsspiralen sind in nachstehender Tabelle Werte von S_φ und S_φ' ausgerechnet, die den Anfangswerten S_1 und S_1' entsprechen. Das Ergebnis ist in Abb. (21) eingetragen.

Tabelle 1.

φ Bogenmaß	$\mu \cdot \varphi$	$\mu \varphi \cdot \lg \varepsilon$	$\varepsilon^{\mu \cdot \varphi}$	S_φ	S_φ'
0	0,000	0,000	1,00	2350	1990
$\frac{1}{8}\pi$	0,098	0,042	1,10	2590	2190
$\frac{1}{4}\pi$	0,196	0,085	1,22	2870	2430
$\frac{3}{8}\pi$	0,294	0,128	1,34	3150	2675
$\frac{1}{2}\pi$	0,392	0,170	1,48	3480	2950
$\frac{5}{8}\pi$	0,490	0,213	1,63	3840	3250
$\frac{3}{4}\pi$	0,588	0,256	1,80	4240	3590
$\frac{7}{8}\pi$	0,686	0,298	1,99	4680	3965
π	0,785	0,341	2,19	5150	4370

Aus dieser Tabelle ist zu entnehmen, daß der Schnittpunkt C', der eine Seilspannung von 3250 kg $= S_2$ angibt, zwischen $\varphi = \frac{3}{8}\pi$ und $\varphi = \frac{1}{2}\pi$ liegt; ferner, daß der Schnittpunkt C'', der $S_2' = 3750$ kg entspricht, sich zwischen $\varphi = \dfrac{3}{4}\,\pi$

und $\varphi = \dfrac{7}{8}\,\pi$ befindet. Genau berechnet, erhält man aus Gl. (6) und (7):

$$\frac{S_2}{S_1} = \frac{3250}{2350} = 1{,}38 = \varepsilon^{\mu \cdot \varphi_1} \quad \text{und} \quad \varphi_1 = 0{,}41\,\pi = 74^0\,,$$

$$\frac{S_2'}{S_1'} = \frac{3750}{1990} = 1{,}88 = \varepsilon^{\mu \cdot \tau_2} \quad \text{und} \quad \varphi_2 = 0{,}805\,\pi = 145^0\,.$$

B. Die Seilschleichung[1]).

11. Erklärung des Schleichphänomens. Auf Basis der vorhergehenden Untersuchung bezüglich des Spannungsdiagrammes läßt sich nun das Phänomen, welches wir „Seilschleichung" nennen wollen, äußerst leicht erklären. Die Seilschleichung ist auf die elastischen Eigenschaften des Seiles zurückzuführen und tritt immer da auf, wo es sich um den Ausgleich von Spannkräften handelt, die in dem um die Treibscheibe befindlichen Teil des Seiles auftreten.

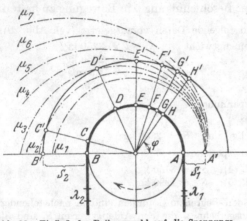

Abb. 22.   Einfluß der Reibungszahl auf die Spannungsverteilung.

Ein Seilelement, das unbelastet die Länge λ hat, verlängert sich auf Grund der elastischen Beschaffenheit des Seiles, und nimmt — nehmen wir an — die Länge λ_1 für die Belastung S_1 und die Länge λ_2 für die Belastung S_2 an. Da die Verlängerungen den Seilbelastungen proportional sind, so müssen die Seilelemente in gleicher Weise wie diese zu- oder abnehmen. Ist nun S_2 größer als S_1, dann ist auch λ_2 größer als λ_1.

In Abb. 22 sind mehrere Begrenzungsspiralen eingetragen, die sich auf bestimmte Werte von $\varepsilon^{\mu\varphi}$ beziehen, etwa wie

$$\varepsilon^{\mu_1\varphi}\,,\quad \varepsilon^{\mu_2\varphi}\,,\quad \varepsilon^{\mu_3\varphi}\,,\quad \varepsilon^{\mu_4\varphi}\quad \text{usw.}$$

Oder, man könnte dieses auch so erklären, daß jede dieser Spiralen bestimmten Rillenprofilen entsprechen, die so konstruiert sind, daß die

---

[1]) „Seilschleichung" ist hier gleichbedeutend mit dem Phänomen, welches z. B. von Dr. Grashof in seiner „Theoretische Maschinenlehre", Bd. II, mit „Partielles Gleiten" bezeichnet wird. Das Wort „Seilschleichung" ist von uns gewählt, um dieses Phänomen von dem bei ungenügendem Reibungsschluß auftretenden Gleiten des Zugorgans zu unterscheiden.

sich ergebenden Reibungszahlen die Werte von

$$\mu_1,\ \mu_2,\ \mu_3,\ \mu_4,\ \mu_5 \text{ usw.}$$

haben. Sämtliche Spiralen gehen von einem gemeinsamen Punkt A' aus, der in dem Diagramm die Seilspannung S_1 angibt.

Der Einfluß der einzelnen Rillenprofile auf die Spannungsverteilung ist nun deutlich zu erkennen. Ist die Treibscheibe mit der durch die Reibungszahl μ_2 charakterisierte Rillenform versehen, dann folgt der Spannungsausgleich im Seil zwischen den Umfangspunkten C und A. Durch die Rillenform, die der höheren Reibungszahl μ_3 entspricht, wird der Ausgleichsweg etwas verkürzt; er liegt nämlich in diesem Fall zwischen D und A. Für noch höhere Werte der Reibungszahl, wie μ_4, μ_5 usw., verschieben sich die für den Ausgleichsweg maßgebenden Schnittpunkte E', F' usw. in der Richtung gegen A', und für den Ausgleich stehen nur die immer kürzer werdenden Strecken $E - A$, $F - A$ usw. zur Verfügung.

In gleicher Weise lassen sich nun die Längeveränderungen eines Seilelementes graphisch verfolgen, und den obigen Ausführungen entsprechend erfährt das Seilelement λ_2 eine stetige Verminderung, die, den verschiedenen Rillenprofilen entsprechend, in C, D, E, F, G oder H anfängt. In A angelangt ist die Länge des Seilelementes gleich λ_1.

Dieses Einstellen des Seiles für die vorhandenen Endspannungen läßt sich also dadurch erklären, daß die sich in der Ausgleichzone befindlichen Seilelemente Längenänderungen unterworfen sind. Jedes Seilelement in dieser Zone erfährt je nachdem entweder eine Verlängerung oder eine Verkürzung, und die Bewegung, die hierdurch eingeleitet wird, hat zur Folge, daß das Element seine Lage der Treibscheibe gegenüber ändert. Es ist dies das Phänomen, welches wir Seilschleichung nennen, und welches sich ausschließlich auf die in der Ausgleichzone befindlichen Seilelemente bezieht.

Diese Seilelemente werden fortdauernd aus ihrem Gleichgewicht gebracht, und um mögliche Störungen zu vermeiden ist es ratsam, die Ausgleichzone so groß wie möglich zu wählen. Daß hierbei außer der Treibscheibengröße auch die richtige Wahl der Rillenform von außerordentlicher Bedeutung ist, leuchtet ein, und es ist also bei der Konstruktion der Treibscheibe darauf zu achten, daß ein Rillenprofil gewählt wird, welches einen genügenden, nicht aber übermäßig großen Reibungsschluß aufweist.

12. Mathematische Behandlung des Schleichphänomens. Ein mathematischer Ausdruck für die Größe der Seilschleichung läßt sich folgendermaßen ermitteln:

Ein Seilelement, dessen Länge im unbelasteten Zustand dl ist, erfährt unter dem Einfluß der Spannung S eine Längeänderung, die

$c \cdot S \cdot dl$ gleichgesetzt werden kann, falls c die Zunahme der Längeeinheit für eine Spannung von 1 kg bezeichnet.

In Abb. 23 befindet sich das Seilelement $R \cdot d\varphi$ unter der Wirkung einer Spannung S; folglich berechnet sich die Länge dl dieses Elementes aus

$$R \cdot d\varphi = dl \cdot (1 + c \cdot S).$$

Nun ist

$$\frac{S_2}{S} = \varepsilon^{\mu\,\varphi} \quad \text{oder} \quad S = S_2 \cdot \varepsilon^{-\mu\,\varphi},$$

daher

$$R \cdot d\varphi = dl \cdot (1 + c \cdot S_2 \cdot \varepsilon^{-\mu\varphi})$$

und

$$\int_0^\beta dl = \int_0^\beta \frac{R \cdot d\varphi}{1 + c \cdot S_2 \cdot \varepsilon^{-\mu\,\varphi}}$$

oder

$$\int_0^\beta dl = \int_0^\beta \frac{R \cdot \varepsilon^{\mu\varphi} \cdot d\varphi}{\varepsilon^{\mu\,\varphi} + c \cdot S_2}.$$

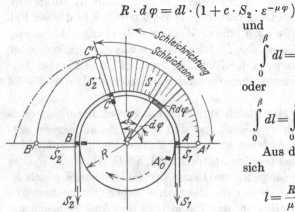

Abb. 23. Diagramm zur Erklärung des Schleich-phänomens.

Aus diesem Integral ergibt sich

$$l = \frac{R}{\mu} \Big| \ln\left(\varepsilon^{\mu\,\varphi} + c \cdot S_2\right) \Big|_0^\beta$$

$$= \frac{R}{\mu} \cdot \ln \frac{\varepsilon^{\mu\beta} + c \cdot S_2}{1 + c \cdot S_2} \qquad (8)$$

als die Länge im unbelasteten Zustand des über den Bogen $C - A$ gespannten Seiles.

Wird nun das Seil sowie die Seilscheibe in B markiert, wie in Abb. 23 angedeutet, dann wird man finden, daß, so bald diese Marken sich in der Schleichzone befinden, d. h. von C ab, sie sich von einander trennen, und daß die Seilmarke hinter derjenigen der Scheibe zurückbleibt. Wenn die Seilmarke A erreicht, hat die Marke an der Seilscheibe diesen Punkt bereits passiert, und befindet sich — angenommen — an der mit A_0 bezeichneten Stelle. Man erhält einen mathematischen Ausdruck für die Strecke $C - A_0$, falls man sich die oben ermittelte Seillänge l (Gleichung (8)) unter dem Einfluß der Spannung S_2 denkt. Es ergibt sich dann für diese Strecke

$$\overline{CA_0} = l \cdot (1 + c \cdot S_2)$$

Definiert man die Seilschleichung s als der Bogendifferenz

$$\overline{CA_0} - \overline{CA} \quad \text{oder} \quad \overline{CA_0} - R \cdot \beta$$

dann ist

$$s = l \cdot (1 + c \cdot S_2) - R \cdot \beta$$

oder mit dem l-Wert aus Gl. (8):

$$s = (1 + c \cdot S_2) \cdot \frac{R}{\mu} \cdot \ln \frac{\varepsilon^{\mu\beta} + c \cdot S_2}{1 + c \cdot S_2} - R \cdot \beta. \tag{9}$$

Nun ist

$$\varepsilon^{\mu\beta} = \frac{S_2}{S_1} \quad \text{und} \quad \beta = \frac{1}{\mu} \cdot \ln \frac{S_2}{S_1},$$

daher

$$s = (1 + c \cdot S_2) \cdot \frac{R}{\mu} \cdot \ln \frac{S_2}{S_1} \cdot \frac{1 + c \cdot S_1}{1 + c \cdot S_2} - \frac{R}{\mu} \cdot \ln \frac{S_2}{S_1}. \tag{9a}$$

Da nun der c-Wert in Wirklichkeit sehr klein ist, und da außerdem der Größenunterschied zwischen S_1 und S_2 sich im allgemeinen binnen enger Grenzen hält, kann man sich die Approximation

$$\frac{1 + c \cdot S_1}{1 + c \cdot S_2} = \sim 1$$

erlauben, und man erhält als Maß der Seilschleichung

$$s = c \cdot S_2 \cdot \frac{R}{\mu} \cdot \ln \frac{S_2}{S_1}. \tag{9b}$$

Die Richtung der durch die Schleichung hervorgerufenen Relativbewegung des Seiles ist immer von der Seite der kleineren Spannung S_1, und ist somit von der Drehrichtung der Treibscheibe unabhängig. In Abb. 24 ist die Drehrichtung derjenigen in

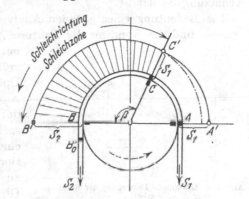

Abb. 24. Lage der Schleichzone bei einer zu Abb. 29 entgegengesetzten Drehrichtung.

Abb. 23 entgegengesetzt; das im Punkt A unter der Spannwirkung S_1 stehende Seilelement kommt von C ab unter den Einfluß immer wachsender Spannungen, bis zuletzt die maximale Spannung S_2 erreicht ist. Die hieraus entstehende Seilverlängerung bewirkt, daß das Seil der Scheibe sozusagen vorauseilt; sich im Punkt C einander gegenüber befindliche Elemente des Seiles und der Scheibe entfernen sich demgemäß mehr und mehr voneinander. Wenn die markierte Stelle der Scheibe den Ablaufpunkt B erreicht, hat das Seilelement der Treibscheibe gegenüber bereits den durch die Strecke $B - B_0$ angedeuteten Vorsprung. Die Schleichrichtung geht ebenfalls hier in der Richtung von C nach B, und ist somit dieselbe geblieben, wie in dem vorher angegebenen Fall (Abb. 23).

13. Die Reibungsarbeit der Seilschleichung. Wie aus Gl. (9b) hervorgeht, tritt Seilschleichung immer auf, wenn ein Spannungsunterschied im Seil über der Treibscheibe vorhanden ist. Für $S_2 = S_1$ ist nach dieser Gleichung $s = 0$, d. h. es besteht unter diesen Verhältnissen keine Seilschleichung. Das Schleichphänomen ist stets mit Abnutzung verbunden, und bei einer in jeder Hinsicht gut ausgeführten Aufzugsanlage ist ein auftretender Seil- und Rillenverschleiß nur auf diese Erscheinung zurückzuführen.

Nun wäre allerdings ein derartiger Verschleiß ziemlich harmlos, falls er gleichmäßig aufträte, was jedoch nicht der Fall ist. Der Guß in der Treibscheibe ist nämlich nicht überall von genau derselben Struktur, und demgemäß weisen die einzelnen Rillen eine ungleiche Widerstandskraft gegen Abnutzung auf. Eine Folge hiervon ist, daß die Rillendurchmesser nicht mehr die gleichen sind, und ist dieser Zustand einmal da, dann setzt ein Seilgleiten ein, welches mit der Belastungsausgleich in Verbindung steht (vgl. Abschnitt II, C), und welches von einer weiteren Abnutzung befolgt ist.

Die Bedeutung einer genauen Analyse des Schleichphänomens ist evident, und die Kenntnis der Faktoren, die auf die einschlägige Abnutzung Einfluß haben, ist von größter Wichtigkeit. Bei dieser Untersuchung wollen wir von der Annahme ausgehen, daß die durch die Seilschleichung verursachte Abnutzung der entsprechenden Reibungsarbeit proportional ist, und wir kommen dabei zu dem aus der nachstehenden Gl. (10) zu entnehmenden Ergebnis.

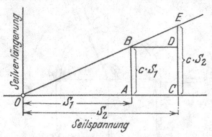

Abb. 25.   Graphische Darstellung der Reibungsarbeit.

Die durch die Seilschleichung entstehende Reibungsarbeit läßt sich auf geometrischem Wege sehr einfach veranschaulichen. In Abb. 25 bezeichnen die Abszissen die Spannkräfte, und die Ordinaten geben die durch die Spannung hervorgerufene Seilverlängerung pro Einheit an. Da die Verlängerung der Spannkraft proportional ist, bildet OBE eine gerade Linie. Aus dem Diagramm ergibt sich somit die zwischen S_1 und $c \cdot S_1$, ferner zwischen S_2 und $c \cdot S_2$ bestehende Beziehung.

Sind die Spannungen in Kilogramm und die Verlängerungen in Zentimeter ausgedrückt, dann bezeichnen die Dreiecke OAB und OCE eine Arbeit in cmkg. Das Dreieck OAB definiert somit die Arbeit, die aufgewandt werden muß um die Spannung S_1 zu erzeugen; gleichfalls bezeichnet das Dreieck OCE die der Spannung S_2 entsprechende Arbeit. Diese Arbeit ist also in den beiden vertikalen Seilsträngen (Abb. 20) aufgespeichert, und kann pro Längeinheit des Seiles im unbelasteten Zustand wie folgt ausgedrückt werden:

a) für das rechte Seil:

$$\text{aufgespeicherte Arbeit} = 0,5 \; c \cdot (S_1)^2 \text{ cmkg.}$$

b) für das linke Seil:

$$\text{aufgespeicherte Arbeit} = 0,5\ c \cdot (S_2)^2\ \text{cmkg}.$$

Die Differenz

$$0,5\ c \cdot ((S_2)^2 - (S_1)^2)$$

stellt eine Arbeit dar, die vom Seil auf dem Weg um die Treibscheibe verloren geht. In Abb. 25 ist dieser Arbeitsverlust durch die Fläche $ABEC$ veranschaulicht. Diese Arbeit zerfällt nun in zwei voneinander gänzlich verschiedene Arten, von denen die eine die Reibungsarbeit, die andere die für den Spannungsausgleich erforderliche Arbeit bildet.

Das Seil wird nämlich während der Ausgleichsperiode pro Längeeinheit um den Betrag $c \cdot (S_2 - S_1)$ verkürzt, und hebt dabei das Gewicht welches die Seilspannung S_1 hervorruft. Die dabei ausgeführte Arbeit ist

$$c \cdot (S_2 - S_1) \cdot S_1 = c \cdot S_1 \cdot (S_2 - S_1)\ \text{cmkg}$$

und ist in dem Diagramm durch das Rechteck $ABDC$ dargestellt. Für die Reibungsarbeit kommt dann das übrig gebliebene Dreieck BDE in Betracht. Demnach erhält man als Ausdruck für diese Arbeit

$$A_r = 0,5\ c \cdot ((S_2)^2 - (S_1)^2) - c \cdot S_1 \cdot (S_2 - S_1)$$

und daher

$$A_r = 0,5\ c \cdot (S_2 - S_1)^2. \tag{10}$$

Aus Abb. 25 entnehmen wir, daß die Fläche $ABEC$, die einen Arbeitsverlust darstellt, desto kleiner wird, je kleiner die Spannungsdifferenz $S_2 - S_1$ ist. In den Fällen, da die Spannkraft S_2 der Spannung S_1 gleichkommt, kommt keine Seilschleichung vor. Personenaufzüge, die im allgemeinen mit ausbalancierter Last laufen, nehmen also in dieser Hinsicht eine vorteilhaftere Stellung ein als Aufzüge, die entweder mit voller Last, wie z. B. in den Warenhäusern, oder vielmals ohne Last, wie z. B. in den Garagen, fahren. In diesen letzterwähnten Fällen spielt die Seilschleichung eine bedeutende Rolle, und um die schädliche Einwirkung dieses Phänomens in größtem Maße zu verringern, ist es von besonderer Wichtigkeit, daß eine der erforderlichen Kraftübertragung entsprechende Rillenform gewählt wird.

Die Gleichung (10) offenbart die bedeutsame Tatsache, daß die Reibungsarbeit der Seilschleichung nur von der Seilelastizität und der Differenz der Spannkräfte, nicht aber von dem Rillenprofil abhängig ist. Besteht nun zwischen Verschleiß und Reibungsarbeit eine direkte Proportionalität, wie hier angenommen, dann ist für gewählte Werte von $(S_2 - S_1)$ und c die von der Treibscheibe und dem Seil abgenutzte Materialmenge für jedwedes Rillenprofil stets die gleiche pro Längeeinheit des Seiles im unbelasteten Zustand. Kommen hierbei mehrere Seile in Betracht, und also nicht nur ein einziges wie bisher angenommen, dann ist unter idealen Verhältnissen die Belastung je Seil

$$S_2/n\ \text{ bzw. }\ S_1/n$$

falls n die Seilzahl angibt. Setzt man diese neuen Belastungswerte in Gl. (10) ein, dann erhält man

$$A_r = 0.5 \frac{c}{n^2} \cdot (S_2 - S_1)^2 \,.$$

Vergleicht man dieses Ergebnis mit Gl. (10), dann findet man, daß bei Verwendung von n-Seilen die Abnutzung je Seil und Rille nur $\frac{1}{n^2}$ so groß ist wie bei der Verwendung eines einzigen Seiles.

Da die insgesamt abgenutzte Materialmenge stets die gleiche ist, wie aus obigem hervorgeht, so wird eine Verkleinerung der Rillendurchmesser, die durch die Abnutzung verursacht ist, im weitmöglichsten Maße verhindert

1. durch Verwendung von Treibscheiben großen Durchmessers, da hierdurch die Abnutzung über eine größere Fläche verteilt wird,

2. durch Anwendung von Rillen mit größtmöglichstem Seilsitz, wodurch ebenfalls eine Vergrößerung der Abnutzungsfläche erreicht wird.

Wie hieraus zu ersehen ist, tritt wiederum die Wahl des Rillenprofils als eine äußerst wichtige hervor.

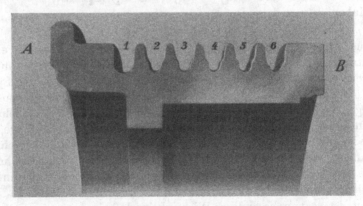

Ungleicher Rillenverschleiß auf Grund ungleichartiger Gußstruktur.

Diese Photographie zeigt uns im Durchschnitt den Rillenkranz einer Treibscheibe, welcher mit der Seite B nach unten gegossen wurde. Die große Metallmenge in der Nähe von den Rillen 1 und 6 hat ein langsameres Abkühlen verursacht, und infolgedessen wurde hier der Guß weicher als in der Kranzmitte, wo sich die Rillen 2, 3, 4 und 5 befinden. Die Abnutzung wurde hierdurch beeinflußt; wir sehen, daß sie bei Rille 1 am weitesten fortgeschritten ist, und die anfangs unterschnittene Rille mit Seilsitz ist hier in eine halbrunde Rille übergegangen. Die Rillen 2, 3, 4 und 5 sind wenig verändert, dagegen zeigt Rille 6 einen bedeutenden Verschleiß. Jedoch ist er kleiner als der der Rille 1, und zwar weil die Gußstruktur auf Grund der tieferen Rillenlage in der Gußform dichter geworden ist.

Die große Bedeutung der Konstruktion des Rillenkranzes sowie des Verfahrens bei der Gußherstellung tritt durch diese Photographie besonders deutlich zutage. Vor allem muß danach gestrebt werden, einen gleichartigen Guß zu bekommen.

C. Die Spannungsdifferenz in den Tragseilen.

14. Spannungsanalyse bei Hebelaufhängung. Das Auftreten von Spannungsdifferenzen in den Tragseilen ist auf die ungleiche Abnutzung der einzelnen Rillen zurückzuführen. Es treten stets in dem Guß weichere und härtere Stellen auf, die zu einer derartigen Abnutzung Veranlassung geben; ferner läßt es sich nicht vermeiden, daß die Reibungszahl der einzelnen Rillen verschieden ist. Hierdurch werden die Schleichzonen beeinflußt, und die Reibungsarbeit wird für jede Rille eine andere. Durch diese Abnutzung ändert sich der Scheibendurchmesser der einzelnen Rillen, und die Seilüberführung von der Kabinen- zur Gegengewichtsseite oder umgekehrt erfolgt nicht gleichmäßig.

Der durch die Abnutzung hervorgerufene Unterschied der einzelnen Rillendurchmesser ist selbstverständlich sehr klein, jedoch genügend um eine Spannungsdifferenz in den Tragseilen herbeizuführen. Man kann sich hiervon leicht überzeugen, falls man Gelegenheit hat, die Federanordnung einer Kabinenaufhängung zu beobachten. Die einzelnen Federn, die genau dieselben Abmessungen haben, sind von Anfang an für die gleiche Spannkraft eingestellt, jedoch weisen sie nach einiger Zeit ungleiche Längen auf, was auf das Vorhandensein ungleicher Seilspannungen deutet.

Bei der Hebelaufhängung kann man allerdings von einer Spannungsdifferenz in den Tragseilen nicht sprechen, da eine Tendenz in dieser Richtung durch die sich sofort für die neuen Verhältnisse einstellenden Hebel beseitigt wird. Man erhält also hier leicht den Eindruck, daß eine Hebelanordnung die beste Lösung einer Ausgleichvorrichtung darstellt, was jedoch mit der Erfahrung, die man bei Treibscheibenaufzügen gemacht hat, nicht übereinstimmt. Es hat sich nämlich gezeigt, daß bei gleichzeitiger Verwendung von Hebeln an der Kabine sowie an dem Gegengewicht bald ein Zustand eintritt, bei dem die Ausgleichwirkung gänzlich versagt. Als beitragende Ursache hierzu ist die Seilschleichung zu bezeichnen, welches sich wie folgt begründen läßt.

Der Übersichtlichkeit halber nehmen wir zunächst an, daß die Aufhängung nur an zwei Seilen erfolgt, und daß die beiden Rillen der Treibscheibe von demselben Durchmesser sind. Wie wir bereits gesehen haben, ist die Seilschleichung eine Erscheinung, die überall da auftritt, wo eine Spannungsdifferenz im Seil über die Treibscheibe vorhanden ist. Ebenfalls ist es uns bekannt, daß die Schleichbewegung stets von der Seite der Treibscheibe ist, wo die kleinere Spannung vorherrscht, und daß sie von der Drehrichtung der Treibscheibe gänzlich unabhängig ist. Erfahrung deutet nun darauf hin, daß während der Mehrzahl von Aufzugsfahrten die Gegengewichtsseite die schwerere ist, wovon man sich durch Beobachtung des Schneckengetriebes leicht überzeugen kann. Es zeigt sich nämlich hier, daß die für das Gegengewicht in Betracht kommende Zahnseite einer größeren Abnutzung ausgesetzt ist als die andere. Da nun auch bei vollkommen gleichen Rillendurchmessern die Seilschleichung in den einzelnen Rillen verschieden auftritt und zwar, weil die Reibungszahl wohl selten die gleiche ist, so ist bei den Treibscheibenaufzügen die

vorherrschende Schleichrichtung von der Kabinenseite zu der Gegengewichtsseite. Somit tritt der Fall bald ein, daß die Hebel sich vertikal
stellen und dann im Ausgleichdienst versagen.

Aus dem obigen geht mit Deutlichkeit hervor, daß eine gleichzeitige
Verwendung von Hebeln an der Kabine sowie am Gegengewicht für
den Spannungsausgleich sich als erfolglos erweist. Nur an einer dieser
Stellen kann die Hebelanordnung verwendet werden, und wo dieses
geschieht, ist auch ein vollständiger Spannungsausgleich vorhanden.
Abb. 26 zeigt uns eine derartige Anordnung, und sind hier nur die Ka-
binenseile an einem Hebel befestigt. Auf dieser Seite sind also die Seilspannungen ausgeglichen, d. h. $S_a'' = S_b''$. Auf der anderen Seite treten, praktisch genommen, nur dann
gleiche Spannungen auf, falls die Durchmesser der
Rillen a und b, die wir mit D_a und D_b bezeichnen
wollen, die gleichen sind. Im anderen Fall, z. B. falls
D_a größer als D_b ist, entsteht eine Spannungsdifferenz,
die ihre Ursache in einer ungleichen Seilübertragung
hat. Die Rille a führt nämlich mehr Seil von der Ka-
binen- nach der Gegengewichtsseite hinüber als die
Rille b, und infolgedessen sowie auf Grund der Seilelastizität wird die Spannung S_a' kleiner als S_b', oder

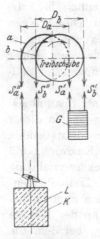

Abb. 26. Spannungs-
analyse bei Hebel-
aufhängung.

$$S_a' < \frac{1}{2} \cdot G < S_b'.$$

Demgemäß nimmt die Differenz $(S_a'' - S_a')$ zu, die
Differenz $(S_b'' - S_b')$ dagegen ab, und dadurch entsteht
im a-Seil eine Tendenz zu gleiten, die auch tatsächlich
eintrifft, wenn

$$S_a'' = \gamma \cdot S_a'$$

worin

$$\gamma = \varepsilon^{\mu \varphi}.$$

Es ist einleuchtend, daß je kleiner γ gewählt wird, desto öfters findet
ein Spannungsausgleich statt, und den Spannungen S_a' und S_b' der
Gegengewichtsseite wird keine Gelegenheit gegeben, sich nennenswert
voneinander abzuweichen. Es zeigt sich also ebenfalls hier vorteilhaft
das Rillenprofil so zu wählen, daß der entstehende Reibungsschluß der
erforderlichen Kraftübertragung gerade entspricht.

In ähnlicher Weise wie oben läßt sich das Vorhandensein der Gleit-
tendenz auch unter anderen Belastungsverhältnissen bestätigen, und
man kommt dabei zu folgendem Resultat:

1. Fährt die Kabine vollbelastet aufwärts oder leer abwärts, dann
hat das a-Seil eine Tendenz zu gleiten, und die Geschwindigkeit der
Kabine bzw. des Gegengewichtes ist der Umfangsgeschwindigkeit der
b-Rille gleich.

2. Fährt die Kabine vollbelastet abwärts oder leer aufwärts, dann hat das b-Seil eine Tendenz zu gleiten, und die Geschwindigkeit der Kabine bzw. des Gegengewichtes ist der Umfangsgeschwindigkeit der a-Rille gleich.

Ist der Zustand $D_a > D_b$ oder umgekehrt $D_b > D_a$ einmal vorhanden, dann liegt auch keine Tendenz vor, daß durch Abnutzung der ideale Fall $D_a = D_b$ wieder hergestellt wird. Ob das eine oder das andere Seil gleitet, hängt nämlich gänzlich von den Belastungsverhältnissen sowie der Fahrtrichtung ab.

15. Spannungsanalyse bei Federaufhängung. Abb. 27a zeigt uns den anfänglichen Zustand des Aufzuges, d. h. da noch sämtliche Rillen denselben Durchmesser haben. Wir bemerken, daß die Kabinen- sowie die Gegengewichtsfedern von der gleichen Länge sind und somit $S_a'' = S_b''$ und $S_a' = S_b'$. Unter Voraussetzung, daß die Federn in ungespanntem Zustand einander vollkommen ähnlich sind, so deutet der gezeigte Längenunterschied auf eine angenommene größere Belastung der Kabinenseite hin, d. h. $K + L > G$. In diesem Fall bestehen also die Beziehungen:

$$S_a'' = S_b'' = \frac{1}{2}(K + L) \quad (11a)$$

und

$$S_a' = S_b' = \frac{1}{2}G; \quad (11b)$$

ferner ist

$$S_a'' = S_b'' > S_a' = S_b'.$$

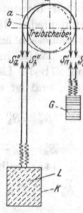 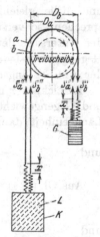

Abb. 27a. Spannungsanalyse bei Federaufhängung für $D_a = D_b$.

Abb. 27b. Spannungsanalyse bei Federaufhängung für $D_a > D_b$.

Wenden wir nun unsere Aufmerksamkeit der Abb. 27b zu, so finden wir hier eine schematische Darstellung der Verhältnisse, wie sie sich nach Einsetzung der Rillenabnutzung abspiegeln. Es ist hier angenommen, daß die Rille b der größeren Abnutzung ausgesetzt ist, demgemäß $D_a > D_b$. Eine Folge hiervon ist, daß bei Drehung in der angedeuteten Richtung die Seilüberführung nach der Gegengewichtsseite über die a-Rille eine größere ist, als über die b-Rille. Die a-Feder erfährt demgemäß eine Verlängerung auf der Kabinen- bzw. Verkürzung auf der Gegengewichtsseite, wogegen die b-Federn eine Veränderung im entgegengesetzten Sinn unterworfen sind. Gleichzeitig mit der Zunahme der Seilspannung S_a'' nimmt die Spannung S_a' ab, und wir bekommen:

$$S_a'' + S_b'' = K + L \quad (12a)$$

worin $S_a'' > S_b''$, ferner

$$S_a' + S_b' = G \qquad (12\,\mathrm{b})$$

worin $S_a' < S_b'$.

Beim Vergleich mit den in Abb. 27a auftretenden Seilspannungen finden wir hier eine Zunahme der Differenz $S_a'' - S_a'$, dagegen eine Abnahme der Differenz $S_b'' - S_b'$. Es ist einleuchtend, daß unter diesen Verhältnissen das Seil a die größere Tendenz hat zu gleiten, welches auch zutrifft, wenn

$$S_a'' = \gamma \cdot S_a \qquad (13)$$

worin

$$\gamma = \varepsilon^{\mu \, \varphi}.$$

Die nachstehende Ermittlung der Seilspannungen basiert sich auf der Annahme, daß das b-Seil kürzer als das a-Seil ist und zwar um einen Betrag, welcher der Differenz der Berührungsstrecken zwischen Seil und Rille gleichkommt. Da wir in diesem Sinne von Seillängen sprechen, so verstehen wir hierunter die effektive Seillänge, die von der Unterseite der Kabinenfeder über die Rille zu der Unterseite der Gegengewichtsfeder zu bemessen ist. Es ist auch diese Länge, die in der Abb. 12 angedeuteten Weise justiert werden kann.

Bezeichnet x in Abb. 27b die Längendifferenz der beiden Kabinen- und Gegengewichtsfedern, und ist c die Federkraft in Kilogramm pro Längeeinheit, dann ist

$$S_a'' = S_b'' + c \cdot x \qquad (14\,\mathrm{a})$$

und

$$S_a' = S_b' - c \cdot x \,. \qquad (14\,\mathrm{b})$$

Aus Gl. (12a) und Gl. (14a) ergibt sich

$$S_a'' = \frac{1}{2} \cdot (K + L + c \cdot x) \qquad (15\,\mathrm{a})$$

und

$$S_b'' = \frac{1}{2} \cdot (K + L - c \cdot x); \qquad (15\,\mathrm{b})$$

ferner aus Gl. (12b) und Gl. (14b):

$$S_a' = \frac{1}{2} \cdot (G - c \cdot x) \qquad (15\,\mathrm{c})$$

und

$$S_b' = \frac{1}{2} \cdot (G + c \cdot x) \,. \qquad (15\,\mathrm{d})$$

Durch Addition erhält man aus Gl. (15a) und Gl. (15c)

$$S_a'' + S_a' = \frac{1}{2} \cdot (K + L + G) \,,$$

ferner durch Einführung von $S_a' = \frac{1}{\gamma} \cdot S_a''$ (vgl. Gl. (13))

$$S_a'' = \frac{1}{2} \cdot \gamma \, \frac{(K + L + G)}{\gamma + 1} \,. \qquad (16\,\mathrm{a})$$

Aus dieser Gleichung in Verbindung mit Gl. (15a) bekommt man

$$c \cdot x = \frac{\gamma \cdot G - (K + L)}{\gamma + 1},$$

welcher Wert, in den Gl. (15b), (15c) und (15d) eingesetzt, gibt:

$$S_b'' = \frac{1}{2} \cdot \frac{(2 + \gamma) \cdot (K + L) - \gamma \cdot G}{\gamma + 1}, \tag{16b}$$

$$S_a' = \frac{1}{2} \cdot \frac{K + L + G}{\gamma + 1}, \tag{16c}$$

$$S_b' = \frac{1}{2} \cdot \frac{(1 + 2 \cdot \gamma) \cdot G - (K + L)}{\gamma + 1}. \tag{16d}$$

Beispiel 2. Für $K + L = 1200$ kg und $G = 875$ kg, ferner $\gamma = 1,87$, resultieren die Seilspannungen lt. Abb. 27b in:

$$S_a'' = 675 \text{ kg}, \quad S_a' = 360 \text{ kg}, \quad S_b'' = 525 \text{ kg und } S_b' = 515 \text{ kg}.$$

Vergleicht man diese Werte mit den Seilspannungen laut Abb. 27a, welche sind:

$$S_a'' = S_b'' = 600 \text{ kg und } S_a' = S_b' = 437,5 \text{ kg},$$

dann findet man, daß die Spannungsdifferenz im a-Seil sich vergrößert, im b-Seil dagegen sich verkleinert hat.

Denken wir uns nun den Fall, daß eine Seiljustierung obigen Sinnes nicht vorgenommen ist sondern beide Seile von gleicher Länge sind, jedoch wie zuvor $D_a > D_b$, dann gestaltet sich die rechnerische Ermittlung der Seilspannungen genau wie vorher. Es ist allerdings darauf zu achten, daß die Federdifferenz auf der Gegengewichtsseite um einen dem Bogenunterschied entsprechenden Betrag kürzer wird. Statt des Längenunterschiedes x kommt auf dieser Seite ein Wert $x - \delta$ in Betracht, worin δ den Unterschied der betreffenden Bogenlängen bezeichnet. Demzufolge bleibt Gl. (14a) unverändert, dagegen lautet Gl. (14b):

$$S_a' = S_b' - c \cdot (x - \delta)$$

und man erhält als Ausdruck für die Seilspannungen:

$$S_a'' = \frac{1}{2} \cdot \gamma \cdot \frac{K + L + G + c \cdot \delta}{\gamma + 1} \tag{17a}$$

$$S_b'' = \frac{1}{2} \cdot \frac{(2 + \gamma) \cdot (K + L) - \gamma \cdot G - \gamma \cdot c \cdot \delta}{\gamma + 1} \tag{17b}$$

$$S_a' = \frac{1}{2} \cdot \frac{K + L + G + c \cdot \delta}{\gamma + 1} \tag{17c}$$

$$S_b' = \frac{1}{2} \cdot \frac{(1 + 2 \cdot \gamma) \cdot G - (K + L) - c \cdot \delta}{\gamma + 1}. \tag{17d}$$

Für die vorliegende Analyse, die nur das bezweckt, das Charakteristische der Kraftübertragung durch Treibscheibe hervorzuheben, ist es gleichgültig, ob diese oder die vorher abgeleiteten Gleichungen (16) zur Verwendung kommen. Es besteht zwischen den beiden Gleichungsgruppen die Beziehung, daß, für $\delta = 0$, Gruppe (17) in Gruppe (16) übergeht.

Setzt man in die Gleichungen (17a) und (17c) nacheinander verschiedene $c \cdot \delta$-Werte ein, so findet man, daß $S_a'' - S_a'$ größer und
größer wird. Diese Spannungsdifferenz gibt den Reibungswiderstand
in Kilogramm an, der beim Seilgleiten zu überwinden ist, und da die
Seil- und Rillenabnutzung ihm proportional ist, so folgt, daß mit zunehmendem δ die Abnutzung der a-Rille eine größere wird. Aus dieser
Feststellung geht hervor, daß der günstigste Zustand vorhanden ist,
wenn $\delta = 0$, d. h. wenn die Seile von gleichen Effektivlängen sind. Ein
Nachstellen der Seile ist also hier erforderlich, und daß eine derartige
Justierung sich nur von Zeit zu Zeit notwendig erweist, dazu tragen die
Federn bei, die durch ihre Elastizität das Entstehen größerer Spannungs-
differenzen verhindern.

16. Ergebnis der Spannungsanalyse. Die Differenz $S_a'' - S_a'$ gibt
den Reibungswiderstand in Kilogramm an, der beim Gleiten überwunden
werden muß. Bezeichnet $\varDelta$ in cm den Unterschied der beiden Rillendurchmesser, d. h. $D_a - D_b = \varDelta$, dann besteht in den vom Zentriwinkel
φ umfaßten Bogen ein Längenunterschied $= \varphi \cdot \dfrac{\varDelta}{2}$ cm. Für $\varphi = 2 \cdot \pi$
ist der diesbezügliche Unterschied auf $\pi \cdot \varDelta$ cm gestiegen, und dementsprechend ist die geleistete Arbeit je Umdrehung

$$A_r = \pi \cdot \varDelta \cdot (S_a'' - S_a').$$

Setzt man in diese Gleichung die Werte von S_a'' und S_a' aus Gl. (16a)
und (16c) ein, dann ergibt sich als Ausdruck für die beim Gleiten ausgeführte Arbeit je Umdrehung:

$$A_r = \frac{\pi \cdot \varDelta}{2} \cdot \frac{\gamma - 1}{\gamma + 1} \cdot (K + L + G). \tag{18}$$

Die Abnutzung der Rille sowie des Seiles ist dieser Reibungsarbeit
proportional, d. h. sie steht in direktem Verhältnis zu dem Gleitweg
$\pi \cdot \varDelta$, ferner zu der Seilbelastung $(K + L + G)$ und zu dem Faktor γ.
Es ist also bei den Treibscheibenaufzügen besonders darauf zu achten,

1. daß das Material der Treibscheibe weitmöglichst
gleichartig ist,

2. daß die Belastung pro Seil klein ist, und

3. daß die Rillenform dem vorliegenden Fall angepaßt
wird.

Es muß also bei der Herstellung der Treibscheibe die größte Sorgfalt
auf das Erhalten eines gleichartigen Gusses gelegt werden, damit der
durch Abnutzung entstehende Unterschied der einzelnen Rillen und
somit der Gleitweg ein Minimum wird. Ferner ist die Seilzahl nicht
für Zugbeanspruchung zu bestimmen, sondern ist hierfür der zwischen
Seil und Rille zulässige Flächendruck maßgebend. Dieser ist aber kein
konstanter Faktor, er variiert je nach den Betriebsverhältnissen, die für

die Aufzugsanlagen charakteristisch sind. Die sich hieraus ergebende Seilzahl ist immerhin so groß, daß die resultierende Zugbelastung weit unter der pro Seil zulässigen liegt. In dieser Hinsicht bieten also die Treibscheibenaufzüge eine Betriebssicherheit, die bei den Trommelmaschinen nicht vorzufinden ist.

Die Gl. (18) besagt ferner, daß die Rillenform mit Vorsicht zu wählen ist. Sie muß den vorliegenden Forderungen angepaßt werden, sonst findet das nie zu vermeidende Gleiteinstellen der Seile unter Spannungsdifferenzen statt, die zu erheblicher und unnötiger Abnutzung führen. Nur ein für den vorliegenden Fall richtig bemessenes Rillenprofil gewährt der Treibscheibe die längste „Lebensdauer".

Beispiel 3. Sind, wie im Beispiel 2, $K + L = 1200$ kg und $G = 875$ kg, dagegen $\gamma = 4$, dann erhält man

$$\text{aus Gl. (16a):}\quad S_a'' = 830 \text{ kg},$$
$$\text{aus Gl. (16c):}\quad S_a' = 207{,}5 \text{ kg},$$
$$\text{aus Gl. (16b):}\quad S_b'' = 370 \text{ kg},$$
$$\text{aus Gl. (16d):}\quad S_b' = 667{,}5 \text{ kg}.$$

In diesem Fall beträgt der Reibungswiderstand, der vom Seil beim Gleiten zu überwinden ist:

$$S_a'' - S_a' = 622{,}5 \text{ kg}$$

dagegen im Beispiel 2 nur

$$S_a'' - S_a' = 315 \text{ kg}.$$

Es ist bereits unter anderen Gesichtspunkten die Notwendigkeit erörtert worden, verhältnismäßig große Scheibendurchmesser bei den Treibscheibenwinden zu verwenden. Auch in diesem Zusammenhang läßt sich diese Notwendigkeit begründen, und zwar aus dem mathematischen Ausdruck für den Wirkungsgrad des Seiltriebes. Da die nützliche Arbeit pro Umdrehung gleich $\pi \cdot D \cdot (K + L - G)$ ist, dann ist der Wirkungsgrad:

$$\eta = \frac{\pi \cdot D \cdot (K + L - G)}{A_r + \pi \cdot D \cdot (K + L - G)}.$$

Setzt man in diese Gleichung den in Gl. (18) angegebenen Wert der Reibungsarbeit A_r ein, dann erhält man:

$$\eta = \frac{K + L - G}{(K + L - G) + \dfrac{1}{2} \cdot \dfrac{\varDelta}{D} \cdot \dfrac{\gamma - 1}{\gamma + 1} \cdot (K + L + G)}. \tag{19}$$

Aus dieser Gleichung läßt sich das oben Gesagte bestätigen; wir sehen nämlich, daß je größer der Durchmesser D, desto besser fällt der Wirkungsgrad aus. Im allgemeinen weisen die Treibscheibenwinden größere Durchmesser auf als entsprechende Trommelmaschinen, und daher läßt sich der Übergang zu Treibscheibenwinden nicht einfach durch einen diesbezüglichen Umtausch von Trommeln in Treibscheiben bewerkstelligen.

D. Statische und dynamische Einflüsse auf das Spannungsverhältnis.

17. Allgemeine Betrachtungen. Ist uns die in Gl. (3 b) $S_2/S_1 = \varepsilon^{\mu \cdot \beta}$ vorkommende Verhältniszahl S_2/S_1 bekannt, dann läßt sich für ein gewähltes β die erforderliche Reibungszahl μ berechnen und somit die Rillenform festlegen, die den vorhandenen Verhältnissen am besten entspricht. Demgemäß gilt es zunächst das Zahlenbereich des Spannungsverhältnisses S_2/S_1, eingehend zu untersuchen. Diese Verhältniszahl steht unter der Wirkung einer Menge von Faktoren verschiedenartiger Natur. Nicht nur liefert jede andere Aufzugsanordnung Werte, die voneinander bedeutend abweichen, auch die Kabinenlast, ja sogar die Lage der Kabine im Schacht, sowie der Bewegungszustand des ganzen Aufzugssystems beeinflußt diese Zahl. Sie nimmt gänzlich andere Werte an, falls der Aufzug sich in Ruhe oder in Fahrt unter dem Einfluß der Beschleunigung oder der Verzögerung befindet.

Betrachten wir z. B. einen in Ruhe befindlichen Aufzug, dessen Tragseile nicht ausgeglichen sind, dann ist es leicht einzusehen, daß die Beziehung $\dfrac{S_2}{S_1}$ einen maximalen Wert erreicht, entweder wenn die Kabine mit voller Last in der untersten oder unbelastet in der obersten Etage sich befindet. In beiden Fällen sind die Spannkräfte S_2 und S_1 nur von den statischen Belastungen abhängig. Dasselbe Resultat erhält man für einen in voller Fahrt befindlichen Aufzug. Während der Aufwärtsfahrt mit vollbelasteter Kabine oder während der Abwärtsfahrt mit leerer Kabine nimmt nämlich $\dfrac{S_2}{S_1}$ fortwährend ab, und sind somit die größten Werte dieser Zahl gleich nach den Beschleunigungsperioden zu verzeichnen. Auch in diesem Fall sind nur die statischen Belastungen in Rechnung zu tragen.

Anders liegen die Verhältnisse, falls man den Aufzug während der Beschleunigungs- oder der Verzögerungsperiode betrachtet. Zu den statischen kommen hier noch die dynamischen Beanspruchungen hinzu, die immer bei einer Änderung der auf ein System einwirkenden Kräfte entstehen. Stellt man sich beispielsweise die Seilspannungen in dem Augenblick vor, da die abwärtsfahrende Kabine zum Stillstand gebracht wird, dann ist die durch die statischen Belastungen auftretende Spannung um diejenige durch die Massenwirkung hervorgerufene vergrößert. Gleichzeitig erfährt das Seil des aufwärtsfahrenden Gegengewichtes eine Spannungsverminderung, die ebenfalls ihren Grund in der Wirkung der auf dieser Seite auftretenden Massen hat. Ist nun die Verzögerungskraft größer als die Beschleunigungskraft, wie es im Aufzugsbau üblich ist, dann ist es evident, daß die Beziehung $\dfrac{S_2}{S_1}$ während der Verzögerungsperiode ihren größten Wert erreicht, entweder wenn die abwärtsfahrende Kabine mit voller Last an der untersten Haltestelle oder wenn die aufwärtsfahrende Kabine ohne Last an der obersten Haltestelle zum Stillstand gebracht wird.

Es ist bereits erwähnt worden, daß die Verhältniszahl $\frac{S_2}{S_1}$ unter anderem auch von der Kabinenlage im Schacht abhängig ist, und ist dieses auf dem Einfluß des Seilgewichts zurückzuführen. In jeder Stellung der Kabine ist nämlich das Seilgewicht ein anderes und dementsprechend ändern sich auch die statischen Belastungen. Befindet sich die Kabine z. B. an der untersten Haltestelle, dann kommt das ganze Seilgewicht auf die Kabinenseite; umgekehrt, ist das Gegengewicht unten, dann werden die statischen Belastungen auf dieser Seite mit dem Gewicht der Seile vergrößert. Durch das Anbringen von Unterseilen, die entweder die Kabine mit dem Gegengewicht verbinden oder von der Kabine und von dem Gegengewicht zur Mitte des Schachtes führen, ist man im Stande, diesen Einfluß auf die Beziehung $\frac{S_2}{S_1}$ zu beseitigen. Dadurch erreicht man auch den Vorteil, daß der Wert von $\frac{!S_2}{S_1}$ ein niedriger wird, was mit Rücksicht auf die erforderliche Reibungszahl und die damit in Verbindung stehende Rillenabnutzung sehr wünschenswert ist.

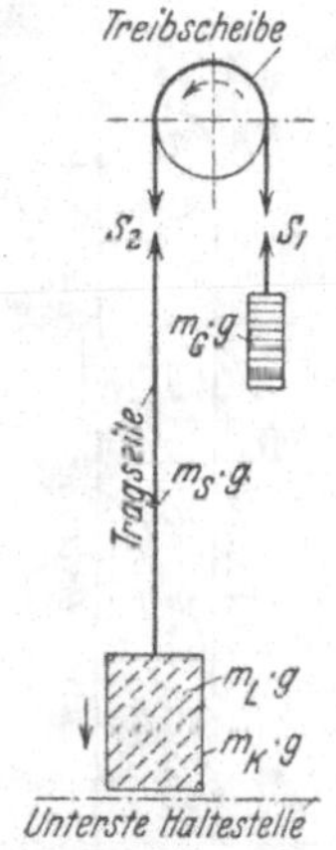

18. Ermittlung des Spannungsverhältnisses. Bezeichnen

g die Erdbeschleunigung in m/sek² $= 9{,}81$,
p die Verzögerung in m/sek²,
$m_L \cdot g$ die Last in Kilogramm,
$m_K \cdot g$ das Kabinengewicht in Kilogramm,
$m_G \cdot g$ das Gegengewicht in Kilogramm,
$m_S \cdot g$ das Gewicht sämtlicher Tragseile für eine der Hubhöhe entsprechende Länge[1]),

dann ergeben sich für die in Abb. 28 skizzierte Aufzugsanordnung als

1. statische Belastungen:
$$S_1 = m_G \cdot g \quad \text{und} \quad S_2 = (m_K + m_L + m_S) \cdot g,$$
demgemäß
$$\frac{S_2}{S_1} = \frac{m_K + m_L + m_S}{m_G}. \tag{20a}$$

2. dynamische Belastungen beim Anhalten:
$$S_1 = m_G \cdot (g - p) \quad \text{und} \quad S_2 = (m_K + m_L + m_S) \cdot (g + p),$$
demgemäß
$$\frac{S_2}{S_1} = \frac{(m_K + m_L + m_S) \cdot (g + p)}{m_G \cdot (g - p)}. \tag{20b}$$

Abb. 28. Aufzugsanordnung ohne Seilausgleich (obenliegende Maschine).

---

[1]) Diese Approximation ist für die Praxis von hinreichender Genauigkeit.

Gl. (20b) gibt den Wert des Spannungsverhältnisses für den Fall an, da die abwärts fahrende Kabine mit voller Last unten angehalten wird, und wir haben dann, wie vorher gesagt, einen Höchstwert zu verzeichnen. Ebenfalls ist es bereits erwähnt worden, daß man einen anderen Höchstwert in dem Augenblick zu erwarten hat, da die leere Kabine im oberen Stockwerk zum Stillstand gebracht wird. In diesem Fall ergeben sich als

1. statische Belastungen:

$$S_1 = (m_G + m_S) \cdot g \quad \text{und} \quad S_2 = m_K \cdot g,$$

demgemäß, weil $S_1 > S_2$,

$$\frac{S_1}{S_2} = \frac{m_G + m_S}{m_K}. \tag{20c}$$

2. dynamische Belastungen:

$$S_1 = (m_G + m_S) \cdot (g + p) \quad \text{und} \quad S_2 = m_K \cdot (g - p),$$

demgemäß, weil $S_1 > S_2$,

$$\frac{S_1}{S_2} = \frac{(m_G + m_S) \cdot (g + p)}{m_K \cdot (g - p)}. \tag{20d}$$

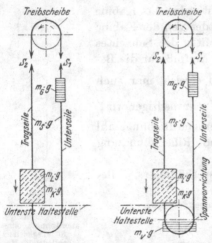

Abb. 29. Aufzugs-anordnung mit Seil-ausgleich (obenlie-gende Maschine).

Abb. 30. Aufzugsanord-nung mit Seilausgleich und Spannvorrichtung (obenliegende Maschine).

Denkt man sich nun dieselbe Aufzugsanordnung wie in Abb. 28, jedoch mit dem Unterschied, daß das Seilgewicht durch die Anbringung von Unterseilen oder einer Unterkette ausgeglichen wird (Abb. 29), dann macht sich dieser Unterschied dadurch bemerkbar, daß in sämtlichen Gleichungen (20) das Gewicht der Unterseile, bzw. der Unter-kette, das in diesem Fall (vgl. Par. 5 und Abb. 7) dem Gewicht $m_S \cdot g$ der Tragseile gleichkommt, im Nenner erscheint. Demge-mäß ergibt sich

1. für vollbelastete Kabine (unten):

(statisch) $\quad \frac{S_2}{S_1} = \frac{m_K + m_L + m_S}{m_G + m_S}, \tag{21a}$

(dynamisch) $\quad \frac{S_2}{S_1} = \frac{(m_K + m_L + m_S) \cdot (g + p)}{(m_G + m_S) \cdot (g - p)}. \tag{21b}$

2. für leere Kabine (oben):

(statisch) $\quad \frac{S_1}{S_2} = \frac{m_G + m_S}{m_K + m_S}, \tag{21c}$

(dynamisch) $\quad \frac{S_1}{S_2} = \frac{(m_G + m_S) \cdot (g + p)}{(m_K + m_S) \cdot (g - p)}. \tag{21d}$

Wir gehen noch einen Schritt weiter und ergänzen Abb. 29 durch eine Spannvorrichtung für die Unterseile, wie in Abb. 30 gezeigt. Unter

Vernachlässigung der durch die Drehbewegung der Spannscheibe hervorgerufenen Trägheitskraft erhält man

1. für vollbelastete Kabine (unten):

(statisch)
$$\frac{S_2}{S_1} = \frac{m_K + m_L + m_S + m_V/2}{m_G + m_S + m_V/2}, \tag{22a}$$

(dynamisch)
$$\frac{S_2}{S_1} = \frac{(m_K + m_L + m_S)\cdot(g+p) + m_V\cdot g/2}{(m_G + m_S)\cdot(g-p) + m_V\cdot g/2}. \tag{22b}$$

2. für leere Kabine (oben):

(statisch)
$$\frac{S_1}{S_2} = \frac{m_G + m_S + m_V/2}{m_K + m_S + m_V/2}, \tag{22c}$$

(dynamisch)
$$\frac{S_1}{S_2} = \frac{(m_G + m_S)\cdot(g+p) + m_V\cdot g/2}{(m_K + m_S)\cdot(g-p) + m_V\cdot g/2}. \tag{22d}$$

In diesen Gleichungen bezeichnet $m_V \cdot g$ das Gewicht der Spannvorrichtung.

Beispiel 4. Wie verändert sich das statische und dynamische Spannungsverhältnis durch die Anbringung von Unterseilen, und welchen Einfluß hat die Spannvorrichtung auf diese Verhältniszahl? Der Untersuchung liegen folgende Daten zugrunde:

Hubhöhe . . . . 40 m,
Hubgeschwindigkeit . . . . 2,0 m/sek
Kabinen-Verzögerung . . . . 1,5 m/sek²,
Last . . . . 1000 kg,
Kabinengewicht . . . . 1300 kg,
Gegengewicht . . . . 1700 kg,
Seilgewicht . . . . 150 kg (4 × 5/8″-Seile)
Spannvorrichtung . . . . 400 kg.

Hieraus ergibt sich:

$m_L \cdot g = 1000$ kg, daher $m_L = 102$
$m_K \cdot g = 1300$ kg, „ $m_K = 132$
$m_G \cdot g = 1700$ kg, „ $m_G = 173,5$
$m_S \cdot g = 150$ kg, „ $m_S = 15,3$
$m_V \cdot g = 400$ kg, „ $m_V = 40,8$

Ferner erhält man:

1. für die Aufzugsanordnung ohne Unterseile (Abb. 28):
   laut Gl. (20a) und (20b): $S_2/S_1 = 1,43$ und $1,95$
   „ „ (20c) „ (20d): $S_1/S_2 = 1,43$ „ $1,95$

2. für die Aufzugsanordnung mit Unterseilen (Abb. 29):
   laut Gl. (21a) und (21b): $S_2/S_1 = 1,32$ und $1,80$
   „ „ (21c) „ (21d): $S_1/S_2 = 1,28$ „ $1,74$

3. für die Aufzugsanordnung mit Unterseilen und Spannvorrichtung (Abb. 30):
   laut Gl. (22a) und (22b): $S_2/S_1 = 1,29$ und $1,75$
   „ „ (22c) „ (22d): $S_1/S_2 = 1,25$ und $1,70$

Aus diesem Beispiel ersehen wir zunächst, daß das dynamische Spannungsverhältnis, durch die Gleichungen mit b) und d) gekennzeichnet, bedeutend größer ist als das statische, das sich aus den Gleichungen a) und c) ermitteln läßt. Ferner ist zu bemerken, daß wir in den Unterseilen ein Mittel zur Verminderung des Spannungsverhältnisses besitzen, welches durch das Hinzufügen einer Spannvorrichtung noch weiter heruntergedrückt werden kann. Erfolgt der Ausgleich der Tragseile durch mehrere Seile, dann ist eine derartige Spannvorrichtung stets zu verwenden. Dient dagegen eine Kette als „Unterseil", kann von dieser Vorrichtung abgesehen werden.

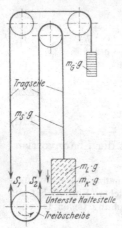

19. Fortsetzung. Es kann hier von besonderem Interesse sein, den Einfluß festzustellen, die das Verlegen der Maschine nach unten herbeiführt. Denken wir uns die gleichen Anordnungen, wie in Abb. 28, 29 und 30, jedoch mit dem Unterschied, daß die Maschine wie in Abb. 31 unten placiert ist, dann ergibt sich in dem ersten Fall, d. h. ohne Unterseile:

1. für vollbelastete Kabine (unten):

(statisch)

$$\frac{S_2}{S_1} = \frac{m_K + m_L}{m_G - m_S}, \qquad (23\text{a})$$

Abb. 31. Aufzugsanordnung ohne Seilausgleich (untenliegende Maschine).

(dynamisch)

$$\frac{S_2}{S_1} = \frac{(m_K + m_L) \cdot g + (m_K + m_{L'} + 2\,m_S) \cdot p}{(m_G - m_{S_i}) \cdot g - (m_G + m_S) \cdot p}. \qquad (23\text{b})$$

2. für leere Kabine (oben):

(statisch) $\qquad \dfrac{S_1}{S_2} = \dfrac{m_G}{m_K - m_S},$ $\qquad\qquad\qquad\qquad (23\text{c})$

(dynamisch) $\qquad \dfrac{S_1}{S_2} = \dfrac{m_G \cdot g + (m_G + 2\,m_S) \cdot p}{(m_K - m_S) \cdot g - (m_K + m_S) \cdot p}.$ $\qquad (23\text{d})$

Es ist hier angenommen, daß die Seillängen zwischen der Maschine bzw. der untenstehenden Kabine und den obenliegenden Seilscheiben der Hubhöhe gleichkommen. Die in der Praxis vorkommende Abweichung in dieser Hinsicht ist hier ohne Bedeutung.

. Für den zweiten Fall, d. h. mit Unterseil, lauten die Gleichungen:

1. für vollbelastete Kabine (unten):

(statisch) $\qquad \dfrac{S_2}{S_1} = \dfrac{m_K + m_L}{m_G},$ $\qquad\qquad\qquad\qquad (24\text{a})$

(dynamisch) $\qquad \dfrac{S_2}{S_1} = \dfrac{(m_K + m_L) \cdot (g + p) + 2\,m_S \cdot p}{m_G \cdot (g - p) - 2\,m_S \cdot p}.$ $\qquad (24\text{b})$

2. für leere Kabine (oben):

(statisch) $\qquad \dfrac{S_1}{S_2} = \dfrac{m_G}{m_K},$ $\qquad\qquad\qquad\qquad (24\text{c})$

(dynamisch) $\qquad \dfrac{S_1}{S_2} = \dfrac{m_G \cdot (g + p) + 2\,m_S \cdot p}{m_K \cdot (g - p) - 2\,m_S \cdot p}.$ $\qquad (24\text{d})$

Gleichfalls erhält man für den dritten Fall, d. h. mit Unterseilen, und Spannvorrichtung:

1. für vollbelastete Kabine (unten):

(statisch) $\qquad \dfrac{S_2}{S_1} = \dfrac{m_K + m_L + m_V/2}{m_G + m_V/2},$ $\qquad\qquad$ (25a)

(dynamisch) $\qquad \dfrac{S_2}{S_1} = \dfrac{(m_K + m_L)\cdot(g + p) + 2\,m_S \cdot p + m_V \cdot g/2}{m_G \cdot (g - p) - 2\,m_S \cdot p + m_V \cdot g/2}.$ $\qquad$ (25b)

2. für leere Kabine (oben):

(statisch) $\qquad \dfrac{S_1}{S_2} = \dfrac{m_G + m_V/2}{m_K + m_V/2},$ $\qquad\qquad$ (25c)

(dynamisch) $\qquad \dfrac{S_1}{S_2} = \dfrac{m_G \cdot (g + p) + 2\,m_S \cdot p + m_V \cdot g/2}{m_K \cdot (g - p) - 2\,m_S \cdot p + m_V \cdot g/2}.$ $\qquad$ (25d)

Beispiel 5. Um den Unterschied zu zeigen, den die Maschinenlage auf das Spannungsverhältnis ausübt, werden in die obigen Gleichungen die in Beispiel 4 angegebenen Daten eingesetzt, und das Resultat wird wie folgt[1]):

aus Gl. (23a) und (23b): $S/S = 1{,}48$ und $2{,}12$
„ „ (23c) „ (23d): „ $= 1{,}48$ „ $2{,}17$

aus Gl. (24a) und (24b): $S/S = 1{,}35$ und $1{,}87$
„ „ (24c) „ (24d): „ $= 1{,}31$ „ $1{,}82$

aus Gl. (25a) und (25b): $S/S = 1{,}31$ und $1{,}81$
„ „ (25c) „ (25d): „ $= 1{,}27$ „ $1{,}76$

Aus diesem Beispiel geht mit Deutlichkeit hervor, weshalb man gern bei den Treibscheibenaufzügen der obenliegenden Maschine den Vorzug gibt. In sämtlichen Fällen erhält man dann für eine diesbezügliche Maschinenlage das kleinste Verhältnis der Seilspannungen. Die erforderliche Reibungszahl wird demgemäß kleiner, und somit kann der Rille ein Profil gegeben werden, das dem Seil eine bessere Auflagefläche bietet.

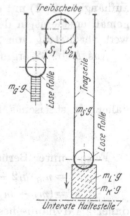

Abb. 32. Aufzugsanordnung ohne Seilausgleich (Aufhängung 2:1.)

In gleicher Weise, wie oben gezeigt, läßt sich nun das statische und das dynamische Spannungsverhältnis für jede beliebige Aufzugsanordnung ermitteln. Der Vollständigkeit wegen sei hier noch der Fall behandelt, wo die Aufhängung der Kabine sowie des Gegengewichtes durch lose Rollen erfolgt. Eine dementsprechende Anordnung mit obenliegender Maschine ist in Abb. 32 gezeigt.

Wir bemerken zunächst, daß die zu berücksichtigenden Massen nicht die gleiche Geschwindigkeit haben. Die Kabine mit der Last, ferner das Gegengewicht stehen unter dem Einfluß der Hubgeschwindigkeit; die Tragseile da-

---

[1]) Das Spannungsverhältnis $\dfrac{S_2}{S_1}$ bzw. $\dfrac{S_1}{S_2}$ ist hier der Einfachheit wegen mit S/S bezeichnet.

gegen laufen mit der doppelten Geschwindigkeit. Die Massen müssen also hier für dieselbe Geschwindigkeit reduziert werden, und wir wählen hierfür die der Tragseile.

Bezeichnen

m die zu reduzierende Masse,
m_0 die reduzierte Masse,
v die Hubgeschwindigkeit,
v_0 die Umfangsgeschwindigkeit der Treibscheibe,

dann ergibt sich aus dem Gesetz der kinetischen Energie:

$$K \cdot E = \frac{1}{2}\, m \cdot v^2 = \frac{1}{2}\, m_0 \cdot v_0^2$$

oder, da $v_0 = 2v$ ist:

$$\frac{1}{2}\, m \cdot v^2 = \frac{1}{2}\, m_0 (2v)^2$$

und daher die reduzierte Masse:

$$m_0 = \frac{m}{4}$$

d. h. nur ein Viertel der wirklichen Massen kommt nach der Reduktion in Betracht.

Aus dem obigen folgt ferner, daß die Verzögerung ebenfalls am Umfang der Treibscheibe zu messen ist. Da der Verzögerungswert gewöhnlich mit Rücksicht auf die Kabinengeschwindigkeit, d. h. die Hubgeschwindigkeit, angegeben wird, folgt, daß in diesem Fall (Kabinenaufhängung 2 : 1) mit der zweifachen Verzögerung zu rechnen ist. Demgemäß erscheint in den nachstehenden Gleichungen als Verzögerungswert der Betrag von $2 \cdot p$.

Aus Abb. 32 ergibt sich:

$$S_1 = m_G \cdot g/2$$
$$S_2 = (m_K + m_L + 2m_S) \cdot g/2$$

daher als statisches Spannungsverhältnis:

$$\frac{S_2}{S_1} = \frac{m_K + m_L + 2m_S}{m_G}. \tag{26a}$$

Ferner unter Berücksichtigung der Massenwirkung beim Anhalten:

$$S_1 = m_G \cdot g/2 - 2p \cdot m_G/4$$
$$S_2 = (m_K + m_L + 2m_S) \cdot g/2 + 2p \cdot (m_K + m_L) \cdot \tfrac{1}{4} + 2p \cdot m_S$$

daher als dynamisches Spannungsverhältnis:

$$\frac{S_2}{S_1} = \frac{(m_K + m_L + 2m_S) \cdot g + (m_K + m_L + 4m_S) \cdot p}{m_G \cdot (g - p)}. \tag{26b}$$

Bei der Ableitung sämtlicher Formeln ist keine Rücksicht auf die Massenwirkung der Seilscheiben genommen. Es bietet aber keine Schwierigkeit, auch hierfür Rechnung zu tragen, doch wird es sich zeigen, daß die Abweichungen zu unbedeutend sind, um die dadurch entstehenden komplizierten Formeln zu rechtfertigen. Ebenfalls ist die in den

Führungen, Scheiben, Lagern usw. auftretende Reibung nicht berücksichtigt. Daß diese Scheiben beim Anhalten stets in einer für das Spannungsverhältnis günstigen Richtung wirkt, liegt klar auf der Hand. Die abwärtsfahrende Kabine wird nämlich beim Anhalten an der untersten Haltestelle durch die Reibung unterstützt, und dementsprechend wird die in dem Seilstrang auftretende Spannung S_2 kleiner. Eine gleiche Unterstützung leistet die Reibung dem aufwärtsfahrenden Gegengewicht beim Anhalten an der höchsten Lage, und die Spannung S_1 in diesem Seilstrang wird dementsprechend vergrößert. Als Resultat erhält man ein Spannungsverhältnis, das kleiner ausfällt, als wäre die Reibung nicht berücksichtigt.

Beispiel 6. Unter Bezugnahme der in Beispiel 4 angeführten Daten, sind die in den Tragseilen (Abb. 32) auftretenden Spannungen S_1 und S_2 beim Anhalten der Kabine an der untersten Haltestelle wie folgt:

$$S_1' = 720 \text{ kg} \quad \text{und} \quad S_2 = 1521 \text{ kg}.$$

Daher laut Gl. (26 b):

$$\frac{S_2}{S_1} = 2{,}1.$$

In der Annahme, daß die Reibung 1,5% der an den Tragseilen hängenden Lasten ausmacht, d. h.

auf der Kabinenseite: $0{,}015\, g \cdot (m_K + m_L) = 34{,}5$ kg,

auf der Gegengewichtsseite: $0{,}015\, g \cdot m_G = 25{,}5$ kg,

ist $S_2 = 1521 - 34{,}5 = 1480{,}5$ kg und $S_1 = 720 + 25{,}5 = 745{,}5$ kg, daher

$$\frac{S_2}{S_1} = 2{,}0.$$

20. Die Beziehung zwischen dem statischen und dynamischen Spannungsverhältnis. Um einen Vergleich anstellen zu können, sind nachstehend die einschlägigen Gleichungen für sechs gewöhnlich vorkommende Aufzugsanordnungen mit obenliegender Maschine zusammengestellt. Hierbei werden nur die Fälle in Betracht gezogen, wo die Kabine sich unten befindet.

a) **Kabinen- und Gegengewichtsaufhängung 1 : 1.**

1. Ohne „Unterseil" (Abb. 28):

(statisch)...................................Gl. (20 a)

(dynamisch) ....Gl. (20 b)

2. Mit „Unterseil" (Abb. 29):

(statisch).................................Gl. (21 a)

(dynamisch..................................Gl. (21 b)

3. Mit „Unterseil" und Spannvorrichtung (Abb. 30):

(statisch)...................................Gl. (22 a)

(dynamisch) ....Gl. (22 b)

4*

b) Kabinen- und Gegengewichtsaufhängung 2 : 1.

1. Ohne „Unterseil" (Abb. 32):

(statisch). . . . . Gl. (26a)

(dynamisch) . . . . Gl. (26b)

2. Mit „Unterseil":

(statisch) $\dfrac{S_2}{S_1} = \dfrac{m_K + m_L + 2\,m_S}{m_{G\cdot} + 2\,m_S}$,   (27a)

(dynamisch) $\dfrac{S_2}{S_1} = \dfrac{(m_K + m_L + 2\,m_S)\cdot g + (m_K + m_L + 4\,m_S)\cdot p}{(m_G + 2\,m_S)\cdot(g - p)}$.   (27b)

3. Mit „Unterseil" und Spannvorrichtung:

(statisch) $\dfrac{S_2}{S_1} = \dfrac{m_K + m_L + 2\,m_S + m_V/2}{m_G + 2\,m_S + m_V/2}$,   (28a)

(dynamisch) $\dfrac{S_2}{S_1} = \dfrac{(m_K + m_L + 2\,m_S)\cdot g + (m_K + m_L + 4\,m_S)\,p + m_V\,g/2}{(m_G + 2\,m_S)\cdot(g - p) + m_V\cdot g/2}$.   (28b)

Vergleicht man Fall für Fall das statische und das dynamische Spannungsverhältnis, so wird es sich zeigen, daß eine gewisse Proportionalität zwischen diesen Zahlenwerten existiert, die durch den Beschleunigungsfaktor $\dfrac{g + p}{g - p}$ zum Ausdruck kommt. Für die Gleichungsgruppe (20) und (21) besteht in dieser Beziehung eine mathematische Genauigkeit; für die anderen Gleichungsgattungen dagegen ist eine kleinere Abweichung hiervon zu verzeichnen. Es wird sich aber bei der Auswertung der einschlägigen Formeln zeigen, daß diese Abweichung sehr gering und ohne praktische Bedeutung ist. Für Anlagen mit obenliegender Maschine gilt also mit für die Praxis hinreichender Genauigkeit die Beziehung

$$\text{(statisch)}\quad \frac{S_2}{S_1}\cdot\frac{g + p}{g - p} = \frac{S_2}{S_1}\quad\text{(dynamisch)}.$$

Nun liegt für die überwiegende Mehrzahl der Aufzugsanlagen mit Treibscheibenantrieb die Maschine oben, und aus dem Grunde erhält die obige Beziehung eine äußerst praktische Bedeutung. Für die Feststellung des dynamischen Verhältnisses der Spannkräfte genügt es hier das statische mit dem Beschleunigungsfaktor $\dfrac{g + p}{g - p}$ zu multiplizieren. Es erübrigt sich also jede Verwendung der recht komplizierten Formeln des dynamischen Verhältnisses. Eine gleich einfache Beziehung besteht nicht für untenliegende Maschinen, wie aus den Gleichungsgruppen (23), (24) und (25) hervorgeht; jedoch führt die Auswertung dieser Formeln, vor allem wo Seilausgleich vorkommt, zu sehr geringen Abweichungen.

Die Werte der Verzögerung p lassen sich nur auf experimentalem Wege ermitteln. Selbstverständlich stehen diese Werte in bestimmter Beziehung zu der Hubgeschwindigkeit v und nehmen mit derselben

zu, obwohl die Zunahme in keinem direkten Verhältnis steht. Bei
der Festlegung dieser Werte muß man erstens darauf achten, daß das
Anhalten nicht so plötzlich erfolgt, daß es von den Fahrgästen un-
angenehm empfunden wird, zweitens muß der Auslaufsweg sich binnen
Grenzen halten, die auf die Durchschnittsgeschwindigkeit des Aufzugs
wenig Einfluß haben.

Bei den höheren Hubgeschwindigkeiten geschieht das Anhalten
gänzlich automatisch, und dem Führer liegt es nur ob, das Anhalten
durch die Zurückführung des Hebels in die Nullage einzuleiten. Für den
Auslaufsweg liegt also hier die Zeit zugrunde, die für das automatische
Fungieren der Kontrollapparate erforderlich ist. Als Durchschnitts-
werte der Verzögerung können die nachstehenden betrachtet werden:

Hubgeschwindigkeit in m/sek:	1,0	1,5	2,0	2,5	3,0	3,5
Kabinenverzögerung in m/sek²:	0,85	1.15	1,40	1,65	1,88	2,10

Graphisch dargestellt, bilden diese Werte eine nach oben gebogene
Kurve, d. h. mit zunehmender Hubgeschwindigkeit wird der Rich-
tungswinkel kleiner.

21. Die zulässige Überbelastung. Da die Treibscheibenwinde stets
für das größt auftretende Spannungsverhältnis, sei es während der
Beschleunigungs- oder der Verzögerungsperiode, zu bemessen ist, folgt,
daß die Maschine während der Fahrt, da die dynamischen Einflüsse
auf die Seilspannungen ausgeschaltet sind, was die Treibfähigkeit
anbelangt, bei weitem nicht ausgenutzt ist. Infolgedessen gestattet
jede Treibscheibenwinde eine gewisse Überbelastung, die während der
Fahrt zu keinem Seilgleiten Veranlassung gibt. Dagegen läßt sich dieses
während der Beschleunigungs- oder der Verzögerungsperiode nicht
vermeiden, und darf somit eine Überbelastung nur dann vorkommen,
wenn es sich um vereinzelte Fälle handelt.

Bezeichnet $M_L \cdot g$ die Überbelastung in Kilogramm, dann besteht
z. B. für die in Abb. 29 gezeigte Aufzugsanordnung als statisches Spannungsverhältnis laut Gl. (21a) die Beziehung:

$$\frac{S_2}{S_1} = \frac{m_K + M_L + m_S}{m_G + m_S}.$$

Wird nun dieses Verhältnis dem entsprechenden dynamischen laut
Gl. (21b) für normale Last $m_L \cdot g$ gleichgesetzt, dann ergibt sich:

$$\frac{m_K + M_L + m_S}{m_G + m_S} = \frac{m_K + m_L + m_S}{m_G + m_S} \cdot \frac{g + p}{g - p}$$

oder

$$M_L = m_L \cdot \frac{g + p}{g - p} + m_K \cdot \frac{2 \cdot p}{g - p} + m_S \cdot \frac{2 \cdot p}{g - p}. \tag{29a}$$

Da das letzte Glied stets positiv ist, kann man setzen

$$M_L > m_L \cdot \frac{g + p}{g - p} + m_K \cdot \frac{2 \cdot p}{g - p} \tag{29b}$$

woraus zu ersehen ist, daß die Überbelastung mit dem Kabinengewicht zunimmt. Man kann diesen Ausdruck dadurch vereinfachen, daß man $m_K = m_L$ setzt, eine Annäherung, die den Wert von M_L eher verkleinert als vergrößert. Es zeigt sich nämlich, daß im allgemeinen das Kabinengewicht sich etwas höher als die entsprechende normale Last stellt. Daher

$$M_L > \frac{g + 3p}{g - p} \cdot m_L \qquad (29\,c)$$

oder die zulässige ·

$$\text{Überbelastung} > \frac{g + 3p}{g - p} \cdot \text{normale Last.}$$

Diese Gleichung besagt, daß die zulässige Überbelastung eines Treibscheibenaufzuges mit der Verzögerung oder, was damit gleichbedeutend ist, mit der Hubgeschwindigkeit wächst und nimmt bei hohen Geschwindigkeiten bedeutende Werte an. Umgekehrt fällt bei niedrigeren Geschwindigkeiten die Überbelastung sehr klein aus, falls für die Bestimmung die der Hubgeschwindigkeit entsprechende Verzögerung grundlegend ist. Um dieses zu vermeiden, ist es zu empfehlen, daß kein kleinerer Verzögerungswert als ca. 0,65 m/sek² bei der Berechnung verwendet wird. Dieser Wert entspricht einer Hubgeschwindigkeit von 0,75 m/sek.

Diese Regel befolgend, ergibt sich eine

$$\text{zulässige Überbelastung} = 1,30 \cdot \text{normale Last}$$

und man kann also stets damit rechnen, daß ein richtig dimensionierter Treibscheibenaufzug, dessen Kabinengewicht der Nutzlast annähernd gleichkommt, eine Überbelastung gestattet, die mindestens 30% höher als die normale Last ist. Grundlegend für diese Berechnung ist der Reibungskoeffizient der Bewegung; würde man dagegen von dem Reibungskoeffizienten der Ruhe ausgehen, dann fiele der Wert der zulässigen Überbelastung dementsprechend höher aus.

E. Der Flächendruck zwischen Seil und Rille.

22. Das Verteilungsgesetz der Auflagekräfte. Sämtliche in diesem und folgendem Abschnitt gegebenen Formeln, die sich auf die Verteilung sowie Größe der Auflagekräfte beziehen, sind unter den nachstehenden Voraussetzungen abgeleitet, deren Wirkung auf das Ergebnis später untersucht wird:

1. daß die Seilrille eine nicht elastische Fläche bildet,
2. daß keine Veränderung in dem Seilquerschnitt durch die Belastung hervorgerufen wird,
3. daß das Seil als ein glatter Zylinder betrachtet werden kann.

Bezeichnet N' den Normaldruck, mit dem das Seil pro Längen-

einheit gegen die Seilrille anliegt, dann läßt er sich aus Gl. (1) durch
Division mit der Länge des in Betracht gezogenen Seilelements wie folgt
ermitteln:

$$N' = \frac{dN}{\frac{D}{2} \cdot d\varphi} = \frac{S \cdot d\varphi}{\frac{D}{2} \cdot d\varphi}$$

oder

$$N' = \frac{2S}{D} \qquad (30)$$

als den Wert des Normaldruckes pro Längeneinheit. Auf Grund dieser
Druckkraft treten zwischen Seil und Rille radial gerichtete Auflagekräfte auf, die sich längs der Berührungslinie $C' - C''$ (Abb. 33) ver-
teilen. Das mathematische Gesetz, das für diese Verteilung maßgebend
ist, läßt sich wie folgt begründen.

Die Rille sowie das Seil sind der Abnutzung ausgesetzt, die jedoch
bei der Rille zu einem bedeutend größeren Materialverbrauch führt als
beim Seil (s. Abschnitt 6). Aus dem Grunde kann die Seilabnutzung in diesem Zusammenhang gänzlich außer Acht ge-
lassen werden, und man hat hier nur die
durch die Rillenabnutzung entstehende
Wirkung zu verfolgen.

Der in Abb. 33 eingetragene punktierte
Kreis, dessen Mittelpunkt in O' liegt, zeigt
das Seil in einer durch die Rillenabnutzung
geschaffenen Lage. Es ist ersichtlich, daß
jeder Seilpunkt, wie A, B usw., den gleichen
vertikalen Weg zurückgelegt hat, oder daß
die Strecke $A - A' = B - B'$ usw. In
anderen Worten, jeder Punkt der Seilrille
ist der gleichen vertikalen Abnutzung aus-

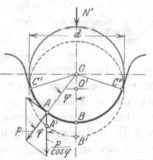

Abb. 33. Ermittlung des Verteilungsgesetzes der Auflagekräfte.

gesetzt. Bezeichnet p den spezifischen Flächendruck in A, dessen Richtung mit dem Halbmesser $O - A$ zusammenfällt, dann kann es nur
die vertikale Komponente von p sein, die die Abnutzung $A - A'$ hervorruft. Zerlegt man also p in zwei Komponenten, von denen die eine
vertikal, die andere tangential zu dem Berührungskreis in A verläuft,
dann hat die vertikale Komponente einen Wert von $p/\cos\varphi$. Da die
vertikale Abnutzung überall die gleiche ist, muß diese Komponente
ebenfalls an jedem Berührungspunkt denselben Wert aufweisen, und
man erhält

$$p/\cos\varphi = \text{konst.}$$

oder

$$p = \text{konst.} \cos\varphi \qquad (31)$$

als den mathematischen Ausdruck für die Verteilung der Auflagekräfte.

Selbstverständlich gilt das oben Gesagte auch für die in Abb. 34 gezeigte Rillenform — die unterschnittene Rille. Wie aus Gl. (31) hervorgeht, erreicht p einen Höchstwert für $\varphi_{\min}$, und infolgedessen ist der größte Auflagedruck in Punkt B (Abb. 33) bzw. in Punkt B' und B'' (Abb. 34) zu verzeichnen.

Ziehen wir nun unter Erwägung die drei für die obige Ableitung aufgestellten Bedingungen, so ist es evident, daß durch die Vernachlässigung der Elastizität der Seilrille kein meßbarer Fehler eingeführt ist. Um so komplizierter stellt sich dagegen die Frage, inwiefern man berechtigt ist, die hier in Betracht kommende Elastizität des Seiles, die senkrecht zur Seilachse gerichtet ist, außer Acht zu lassen, da diese einen bedeutend höheren Wert als die der Seilrille aufweist.

Untersucht man aber stufenweise die Vorgänge, wie sie sich zwischen Seil und Rille von Anfang an, da diese Teile noch neu sind, abspiegeln,

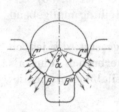

dann kommt man zu dem Resultat, daß die durch die Seilschleichung und das Seilgleiten sich einstellende Abnutzung zwar anfangs eine fortlaufende Formänderung an der Seil- und Rillenform hervorruft, die zu einer wechselnden Verteilung der Auflagekräfte führt. Diese Formänderung hört aber allmählich auf und nach einer Weile stellt sich ein gewisser Zustand des Gleichgewichts ein, der durch eine an allen Berührungspunkten gleichmäßige vertikale Rillenabnutzung charakterisiert

Abb. 34. Verteilung der Auflagekräfte (unterschnittene Rillenform).

ist. Keine Formänderung, die die Druckverteilung beeinflußt, ist nachher bemerkbar, und von diesem Moment an tritt eine Wechselwirkung zwischen Seil und Rille ein, die sich in keiner Weise durch die elastischen Eigenschaften des Materials stören läßt. Bedenkt man ferner, daß die Seilbelastung klein ist, so wird man finden, daß die gemachte Voraussetzung, daß „keine Veränderung in dem Seilquerschnitt durch die Belastung hervorgerufen wird", zu keinem Ergebnis führt, das, praktisch genommen, mit der Wirklichkeit nicht in Einklang steht.

Was nun die dritte Bedingung anbelangt, so ist es klar, daß ein neues Seil nur punktweise Berührungsflächen mit der Rille bietet, die sich jedoch durch die sofort einsetzende Abnutzung des Seiles erweitern und in Form von spiralförmigen Streifen ausbreiten. Die in Abb. 33 gezeigte kreisförmige Berührungslinie $C' — C''$, die hier der Analyse zugrunde liegt, ist die Projektion dieser Spirale auf eine gegen die Seilachse senkrechte Ebene. Daß die Berührung in Wirklichkeit längs einer Spirale erfolgt, ändert in keiner Weise das durch Gl. (31) erhaltene Ergebnis; der Zentriwinkel φ bleibt jedoch stets derselbe.

23. Die Größenermittlung der Auflagekräfte. Der mathematische Ausdruck für die Größe der Auflagekräfte läßt sich aus den Gleichge-

wichtsbedingungen ermitteln, die für ein Seilelement von Längeneinheit, wie z. B. 1 cm, aufgestellt werden können. Dieses Seilelement steht
unter dem Einfluß der zwischen Seil und Rille auftretenden Auflagekräfte sowie der Druckkraft N', die den Normaldruck pro 1 cm Seillänge angibt. Ist p, wie vorher der spezifische Auflagedruck in kg/cm²,
dann wirkt auf einen vom Zentriwinkel $d\varphi$ umfaßten Bogenstreifen
von der Länge $\frac{d}{2} \cdot d\varphi$ (Abb. 35),
der sich auf eine senkrecht zu der
Zeichnungsebene bemessene Breite
von 1 cm bezieht, die elementare
Auflagekraft

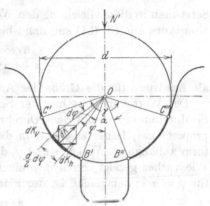

$$d K = p \cdot \frac{d}{2} \cdot d\varphi \qquad (32\,\mathrm{a})$$

oder nach Gl. (31)

$$d K = \mathrm{konst.} \frac{d}{2} \cdot \cos \varphi \cdot d\varphi. \qquad (32\,\mathrm{b})$$

Aus dieser Gleichung ergibt sich
als

1. die vertikale Komponente:

$$d K_V = \mathrm{konst.} \frac{d}{2} \cdot \cos^2 \varphi \cdot d\varphi. \qquad (33\,\mathrm{a})$$

Abb. 35. Größenermittlung der Auflagekräfte.

2. die horizontale Komponente:

$$d K_h = \mathrm{konst.} \frac{d}{2} \cdot \cos \varphi \cdot \sin \varphi \cdot d\varphi. \qquad (33\,\mathrm{b})$$

Für den Gleichgewichtszustand gilt, daß sämtliche Vertikalkom-
ponenten auf der Berührungsstrecke $C' - C''$ dem Normaldruck N'
gleichkommen. Erfolgt dann die Integration in den durch die unterschnittene Rillenform (Abb. 35) gegebenen Grenzen, so ist

$$2 \int_{\alpha/2}^{\gamma/2} d K_V = N'$$

oder

$$N' = 2 \cdot \mathrm{konst.} \frac{d}{2} \int_{\alpha/2}^{\gamma/2} \cos^2 \varphi \cdot d\varphi.$$

Nun ist

$$\cos^2 \varphi = \frac{1}{2} \cdot (1 + \cos 2\,\varphi),$$

daher

$$N' = \mathrm{konst.} \frac{d}{2} \int_{\alpha/2}^{\gamma/2} (1 + \cos 2\,\varphi) \cdot d\varphi$$

oder

$$N' = \text{konst.} \frac{d}{2} \left(\Big|_{\alpha/2}^{\gamma/2} \varphi + \frac{1}{2} \Big|_{\alpha/2}^{\gamma/2} \sin 2\varphi \right).$$

Hieraus folgt

$$N' = \text{konst.} \frac{d}{4} (\gamma - \alpha + \sin \gamma - \sin \alpha).$$

Setzt man in diese Gleichung den Wert von N' aus Gl. (30) und von der Konstante aus Gl. (31) ein, dann bekommt man

$$p = \frac{8 \cdot \cos \varphi}{\gamma - \alpha + \sin \gamma - \sin \alpha} \cdot \frac{S}{d \cdot D} \qquad (34\,\text{a})$$

als Ausdruck für die Größe der Auflagekräfte.

Der Wert von p ist hier der Seilbelastung S direkt, dagegen dem Seildurchmesser d und dem Durchmesser der Treibscheibe D indirekt proportional; ferner erscheint in dieser Gleichung die von der Rillenform abhängigen Winkel α und γ, die im Bogenmaß zu bemessen sind. Wie vorher gezeigt, erreicht p einen Höchstwert in B' und B'', d. h. für $\varphi = \alpha/2$; demgemäß ist der Flächendruck in diesen Punkten:

$$p_{\max} = \frac{8 \cdot \cos \alpha/2}{\gamma - \alpha + \sin \gamma - \sin \alpha} \cdot \frac{S}{d \cdot D}. \qquad (34\,\text{b})$$

Schreiben wir diese Gleichung

$$p_{\max} = \text{Rillenfaktor} \cdot \frac{S}{d \cdot D} \qquad (34\,\text{c})$$

dann ist der

$$\text{Rillenfaktor} = \frac{8 \cdot \cos \alpha/2}{\gamma - \alpha + \sin \gamma - \sin \alpha}. \qquad (35\,\text{a})$$

Dieser Ausdruck erhält nur die beiden Veränderlichen α und γ, die sich ausschließlich auf die Rillenform beziehen. Jede Rillenform läßt sich also durch einen besonderen Rillenfaktor charakterisieren, dessen Wert aus der obigen Gleichung (35a) hervorgeht. Als Beispiel dient in dieser Beziehung Abb. 35, die eine unterschnittene Rille vor eingesetzter Abnutzung zeigt. Für diesen Fall gilt eben die oben genannte Formel.

Mit dem Fortschritt der Abnutzung ändert sich allmählich der Winkel γ, bis zuletzt der Höchstwert von $\gamma = 180^0$ erreicht ist (Abb. 36). Die Abnutzung

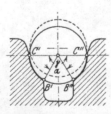

Abb. 36. Die halbrunde Rille mit Unterschnitt (nach eingesetzter Abnutzung). Verwendung: bei Treibscheibenwinden ohne Gegenscheibe.

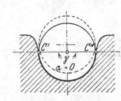

Abb. 37. Die halbrunde Rille ohne Unterschnitt (nach eingesetzter Abnutzung) Verwendung: bei Treibscheibenwinden mit Gegenscheibe und bei Trommelmaschinen.

beeinflußt dagegen in keiner Weise den Winkel α, und man erhält somit für diesen Fall aus Gl. (35a) einen

$$\text{Rillenfaktor} = \frac{8 \cdot \cos \alpha/2}{\pi - \alpha - \sin \alpha}. \tag{35b}$$

Denken wir uns nun die halbrunde Rille ohne Unterschnitt (Abb. 37), wie sie bei den Trommelmaschinen und den Treibscheibenwinden mit Gegenscheibe vorkommt, dann ist $\alpha = 0$ und daher aus Gl. (35b) der

$$\text{Rillenfaktor} = \frac{8}{\pi}. \tag{35c}$$

Der Verlauf des Rillenfaktors läßt sich graphisch verfolgen, falls man in einem Koordinatensystem die Werte des Zentriwinkels α als Abszissen und die des Rillenfaktors als Ordinaten absetzt: Die in Abb. 38 eingetragene Kurve ist die graphische Darstellung der Gl. (35b) und stellt somit den Verlauf des Rillenfaktors dar, wie er sich nach eingesetzter Abnutzung für halbrunde Rillen mit Unterschnitt gestaltet. In Punkt P, d. h. für $\alpha = 0$, hat der Rillenfaktor den in Gl. (35c) angegebenen Wert von $\frac{8}{\pi}$.

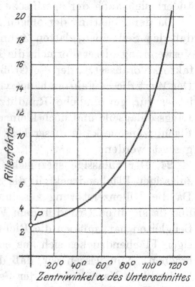

Abb. 38. Rillenfaktor der unterschnittenen Rille (nach Gl. 35b).

Es ist hier von besonderem Interesse, die Krümmung dieser Kurve zu beobachten. Von einer anfänglich schwachen Neigung steigt die Kurve sehr plötzlich mit zunehmendem Zentriwinkel und erreicht für $\alpha = 180^{0}$ einen unendlichen Wert. Da p_{max} dem Rillenfaktor proportional ist, wie aus Gl. (34c) hervorgeht, steigt dessen Wert in ähnlicher Weise mit wachsendem Zentriwinkel für gleiche Werte von S, d und D.

Es ist unschwer einzusehen, daß die obigen Formeln ihre Gültigkeit verlieren, bevor der Grenzfall von $\alpha = 180^{0}$ erreicht ist, und die Erfahrung weist auch darauf hin, daß die Grenze des Verwendungsgebiets dieser Formeln in der Nähe von $\alpha = 120^{0}$ liegt. Es zeigt sich nämlich, daß für große α-Werte die Rillen ihre Form durch Abnutzung derartig verändern, daß ganz bedeutende Abweichungen von der ursprünglichen Form entstehen, die keine genaue mathematische Analyse ermöglichen. Die obigen Formeln geben also Resultate, die für größere α-Werte mehr und mehr von der Wirklichkeit abweichen; ein Befolgen derselben ist jedoch mit keiner Gefahr verbunden, da die sich aus diesen Formeln ergebenden p-Werte die wirklichen Werte übersteigen.

Es ist bereits erwähnt worden, daß die zwischen Seil und Rille bestehende Berührungsfläche sich aus spiralförmigen Streifen zusammensetzt, deren Anzahl und gegenseitiger Abstand von der Bauart der Seillitzen abhängig ist. Bei runden Litzen z. B. erfolgt die diesbezügliche Berührung nur mit einem Draht je Litze, und der Abstand der Streifen stimmt dann mit dem der Litzen überein. Bei den profilierten Litzen dagegen kommen mehrere Drähte einer jeden Litze in Berührung mit der Seilrille; die Zahl der Berührungsstreifen erhöht sich, und der Anpressungsdruck verteilt sich auf mehrere Drähte. Bei fortgesetzter Abnutzung erweitern sich diese spiralförmigen Streifen und demgemäß ändert sich auch der spezifische Flächendruck.

Da der Ableitung der obigen Formeln die Annahme zugrunde liegt, daß das Seil einen glatten Zylinder bildet, ist es ersichtlich, daß die Verwendung dieser Formeln die Einführung eines gewissen Verhältnisfaktors voraussetzt, der die Größe der Anliegungsfläche berücksichtigt. Der Wert dieses Faktors hängt von der Seilkonstruktion ab. Sehr hoch ist er für gewöhnliche Rundlitzenseile mit Kreuzschlag, kleiner für Längsschlagseile und noch kleiner für Seile mit profilierten Litzen. Für Flachlitzenseile kann dieser Faktor, praktisch genommen, mit 1 gleichgesetzt werden.

24. Der zulässige spezifische Flächendruck. Als Maßstab für den zulässigen Flächendruck gilt die zu erzielende Lebensdauer der Seilrille. Da die Rillenzerstörung ausschließlich durch die Abnutzung erfolgt, und da sie ihren Grund in dem Vorhandensein von Seilschleichung und Seilgleiten hat, müssen die Richtlinien für die Bestimmung des zulässigen Flächendruckes sich aus einer Analyse dieser beiden Phänomene ergeben. Nun wissen wir, daß der Gesamtbetrag der Abnutzung fast in direktem Verhältnis zu der Seillänge steht, die pro Zeiteinheit über die Treibscheibe läuft. Diese ist wiederum von der Seilgeschwindigkeit sowie der Fahrtzahl pro Zeiteinheit abhängig; somit müssen diese beiden Faktoren für die Größe des zulässigen Flächendruckes maßgebend sein.

Die Fahrtzahl richtet sich nach dem Verwendungszweck des Aufzuges, und von diesem Gesichtspunkt aus lassen sich die Aufzüge in die folgenden vier Klassen einteilen:

Klasse 1. Personenaufzüge, die fahrplanmäßig 8—10 Stunden pro Tag laufen.

Klasse 2. Personenaufzüge, die nur für aussetzenden Verkehr in Frage kommen.

Klasse 3. Lastenaufzüge, deren Verwendung der Klasse 2 gleichkommt, jedoch mit dem Unterschied, daß die Perioden des Stillstandes auf Grund des Verladens und Abladens länger zu berechnen sind.

Klasse 4. Lastenaufzüge, gewöhnlich für niedrige Hubgeschwindigkeiten eingerichtet, die nur sehr selten benutzt werden.

Der zulässige Flächendruck, der für jede Klasse ein anderer sein muß,
läßt sich nur auf experimentalem Wege festlegen. Da er außerdem mit
zunehmender Seilgeschwindigkeit abnimmt, kommt für jede Klasse
eine besondere Druckkurve in Betracht, die mit Kenntnis des im vorigen Abschnitt besprochenen Verhältnisfaktors für eine jede Seilkonstruktion verwendet werden kann. In Abb. 39 sind die diesbezüglichen Kurven für gewöhnliches Rundlitzenseil mit Kreuzschlag eingetragen. Diese Kurven sind numeriert und beziehen sich auf die oben
angeführten vier Klassen. Daß sämtliche Kurven von einem gemeinsamen Punkt auf der y-Achse
ausgehen müssen, ist leicht einzusehen, da die Klasseneintei-
lung für eine Seilgeschwindigkeit $= 0$ ohne Bedeutung ist.
Dieser Anfangspunkt entspricht
einem Wert von 125 kg/cm².
In der Praxis geht man jedoch
nie über einen Wert, der sich für
Lastenaufzüge auf 110 kg/cm²
und für Personenaufzüge auf
100 kg/cm² stellt.

Auf Basis dieser Kurven
lassen sich nun für irgendeine
Seilkonstruktion die in Frage
kommenden Werte leicht ermitteln. Kommen z. B. Längs-
schlag- statt, wie in diesem
Fall, Kreuzschlagseile in Betracht, dann sind für diese Bauart, die eine größere Berührungsfläche bietet, die in Abb. 39 an-

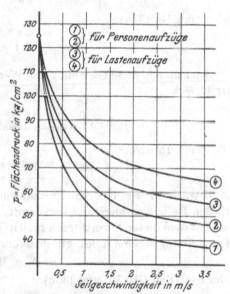

Abb. 39. Zulässiger Flächendruck zwischen Seil und
Rille für Rundlitzenseil mit Kreuzschlag und Rillenkranz aus Grauguß mit Stahleisenzusatz.

gegebenen Werte um 25% zu erhöhen. Auch hier ist es zu empfehlen,
daß die oben angeführten Höchstwerte nicht überschritten werden.

Die hier besprochenen Werte des zulässigen Flächendruckes beziehen sich auf Rillen, die aus Grauguß mit Zusatz von 30—50% Stahl-
eisenabfällen hergestellt sind. Die Lebensdauer einer derartigen Treibscheibe erstreckt sich über mehrere Jahre. Für Treibscheiben aus Stahl-
guß dagegen wäre unter den gleichen Druckverhältnissen eine Abnutzung
kaum bemerkbar; eine Erhöhung des spezifischen Flächendruckes wäre
nicht zu empfehlen, da hierdurch die Lebensdauer der Seile nachteilig
beeinflußt wird.

F. Die Reibungszahl zwischen Seil und Rille.

25. Die Beziehung zwischen der scheinbaren und der wirklichen Reibungszahl. Bezeichnet

μ_0 die wirkliche Reibungszahl,
dW den elementaren Reibungswiderstand gegen Seilgleiten,
dK die elementare Auflagekraft,

dann besteht zwischen diesen Faktoren die Beziehung:

$$dW = \mu_0 \cdot dK. \tag{36a}$$

Wird die Integration über die ganze Berührungsfläche (Abb. 35) ausgedehnt, dann beträgt der gesamte Reibungswiderstand:

$$W = 2\,\mu_0 \int_{\alpha/2}^{\gamma/2} dK \tag{36b}$$

oder nach Gl. (32a):

$$W = \mu_0 \cdot d \int_{\alpha/2}^{\gamma/2} p \cdot d\varphi.$$

Setzt man in diese Gleichung den Wert von p nach Gl. (34a) ein, dann ergibt sich

$$W = \mu_0 \int_{\alpha/2}^{\gamma/2} \frac{8\,S \cdot \cos\varphi}{D\,(\gamma - \alpha + \sin\gamma - \sin\alpha)} \cdot d\varphi$$

oder nach Integration

$$W = 8\,\frac{S\,\mu_0}{D} \cdot \frac{\sin\gamma/2 - \sin\alpha/2}{\gamma - \alpha + \sin\gamma - \sin\alpha}. \tag{36c}$$

Betrachten wir nun den Normaldruck N' (Abb. 35) als die Kraft, die den Reibungswiderstand hervorruft, und bezeichnen mit μ den Faktor, mit dem dieser Normaldruck multipliziert werden muß, um den Wert des Reibungswiderstandes gleichzukommen, dann ist

$$\mu \cdot N' = W$$

oder nach den Gl. (30) und (36c):

$$\mu = 4 \cdot \frac{\sin\gamma/2 - \sin\alpha/2}{\gamma - \alpha + \sin\gamma - \sin\alpha} \cdot \mu_0. \tag{37a}$$

Hieraus ergibt sich nach eingesetzter Rillenabnutzung, da $\gamma = \pi$ ist, (Abb. 36):

$$\mu = 4 \cdot \frac{1 - \sin\alpha/2}{\pi - \alpha - \sin\alpha} \cdot \mu_0 \tag{37b}$$

und für die halbrunde Rille ohne Unterschnitt, d. h. für $\alpha = 0$, (Abb. 37):

$$\mu = \frac{4}{\pi} \cdot \mu_0. \tag{37c}$$

Für keilförmige Rillen (Abb. 40) mit einem Klemmwinkel δ, ist $\alpha = \gamma = \pi - \delta$ und demgemäß nach Gl. (37a):

$$\mu = \frac{0}{0} \cdot \mu_0.$$

Da die Funktion (37a) hier in unbestimmter Form erscheint, muß die Lösung nach den Regeln für die Berechnung von unbestimmten Ausdrücken erfolgen, und man erhält:

$$\mu = \frac{1}{\sin \delta/2} \cdot \mu_0. \tag{37d}$$

Der Zahlenfaktor μ, den wir die scheinbare Reibungszahl nennen, ist keine Konstante, sondern nimmt einen der Rillenform entsprechenden Wert an. Mit Kenntnis dieser Reibungszahl läßt sich also für einen gewählten β-Wert der für jede besondere Rillenform charakteristische

Faktor der Treibfähigkeit $\gamma = \varepsilon^{\mu \cdot \beta}$

berechnen. Umgekehrt, ist das für eine bestimmte Aufzugsanlage erforderliche Spannungsverhältnis der beiden Seilstränge $\frac{S_2}{S_1}$ ermittelt, dann ist es ein leichtes, für den in Betracht kommenden Umschlingungswinkel β den erforderlichen μ-Wert zu berechnen und somit die hierfür in Frage kommende Rillenform festzulegen[1]).

26. Die Ermittlung der Reibungszahlen. Auf experimentalem Wege läßt es sich nachweisen, daß die scheinbare Reibungszahl nicht nur von dem Rillenprofil, sondern auch von der Seilbelastung abhängig ist. Dieses Phänomen ist hauptsächlich dem Seil zuzuschreiben, das in Wirklichkeit nie die vorausgesetzte Kreisform mit den sechs der gewöhnlichen Litzenzahl entsprechenden Berührungspunkten aufweist. Eine Folge hiervon ist, daß bei geringerer Seilspannung nur wenige Berührungspunkte zwischen Seil und Rille vorhanden sind, die infolgedessen einem hohen Flächendruck und einem dementsprechend hohen Reibungswiderstand ausgesetzt sind.

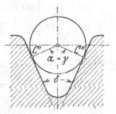

Abb. 40. Die keilförmige Rille (vor eingesetzter Abnutzung). Verwendung: bei Treibscheibenwinden ohne Gegenscheibe.

Mit zunehmender Seilspannung schmiegt sich das Seil näher an die Scheibe, die Berührungspunkte nehmen in Anzahl zu und bilden größere Berührungsflächen, die allmählich, wie bereits erwähnt, in spiralförmigen Streifen übergehen. In diesem neuen Zustand tritt die Wirkung der Ölung mehr hervor, die Reibungszahl wird kleiner und demgemäß ändert sich auch der Wert $\varepsilon^{\mu \cdot \beta}$. Allmählich tritt aber ein Zustand des Gleichgewichts ein, während dessen die Seilspannung weiter keinen Einfluß auf die Reibungszahl ausübt, und das zulässige Verhältnis der Spannkräfte einen konstanten Wert erreicht. Auch die Rillenform spielt hier eine gewisse Rolle, und wir werden finden, daß, je größer

---

[1]) Im folgenden wird der Einfachheit halber die Verhältniszahl der Spannkräfte mit $\frac{S}{S}$ bezeichnet, wobei der im Zähler erscheinende Spannungswert stets der größte ist. Infolgedessen ist γ stets größer als 1,0.

die Berührungsfläche ist, d. h. je kleiner der Unterschnitt, desto geringer ist der Einfluß der Seilbelastung. Versuche ergeben, daß für halbrunde Rillen das zulässige Spannungsverhältnis bereits von sehr kleinen Belastungen an einen konstanten Wert annimmt.

Das Ergebnis der Versuche ist in den Abb. 41 und 42 graphisch dargestellt, und die eingetragenen Kreise geben die genauen Ablesungen

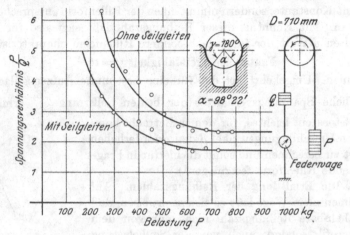

Abb. 41. Einfluß der Belastung auf das Spannungsverhältnis.

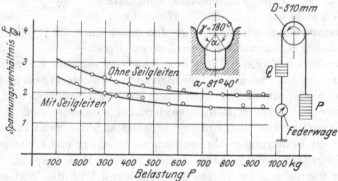

Abb. 42. Einfluß der Belastung auf das Spannungsverhältnis bei einem von Abb. 41 abweichenden Rillenprofil.

an. Außerdem sind die Abbildungen mit kleinen Skizzen versehen, die die Ausführung des Experimentes zeigen. In beiden Fällen waren die halbrunden Rillen unterschnittene; im ersteren war der Zentriwinkel 98°22′, im letzteren 81°40′. Es bestand auch ein Unterschied in dem Durchmesser der beiden Treibscheiben — im ersteren Fall war er 710 mm, im letzteren 510 mm. Die Relativgeschwindigkeit zwischen Seil und Rille betrug nach eingesetztem Seilgleiten 2,5 m/sek, und der Versuch ist mit gewöhnlichen Rundlitzenseilen ausgeführt.

Der große Unterschied in dem erreichten Spannungsverhältnis vor und nach dem Seilgleiten ist auffallend und läßt sich auf das Vorhandensein reichlicher Ölung zurückführen, das erst nach eingesetzter Relativbewegung zwischen Seil und Rille effektiv wurde. Ferner ist es von besonderem Interesse zu bemerken, daß das Spannungsverhältnis bei kleineren Belastungen bedeutend höhere Werte als bei größeren annimmt. Die Behauptung, daß, je größer die Berührungsfläche ist, desto größer ist die Tendenz, das Spannungsverhältnis von der Belastung unabhängig zu machen, ist in Abb. 42 in ihrer Wirklichkeit bestätigt. Daß hier der Zustand des Gleichgewichts erst bei verhältnismäßig großen Belastungen erreicht wurde, ist auf die Seilsteifigkeit zurückzuführen, die sich in diesem Fall auf Grund der kleineren Treibscheibe besonders bemerkbar machte.

Es fragt sich nun, welche Werte zu verwenden sind ohne Gefahr eines Versagens des Aufzugs zu laufen. Obgleich man scheinbar berechtigt wäre, die höheren Werte der oberen Kurven zu wählen, so besteht doch die Tatsache, daß diese Werte, obwohl aus einem Versuch hervorgegangen, in der Praxis kaum vorhanden sind, weil wir hier wohl stets mit einer Relativbewegung zwischen Seil und Rille rechnen müssen. Die diesbezügliche Ursache ist einerseits in der Seilschleichung und anderseits in den ungleichen Rillendurchmessern zu suchen. Deshalb ist es zu empfehlen, daß nur die aus den unteren Kurven sich ergebenden Werte verwendet werden.

Aus den vorliegenden Daten läßt sich nun die wirkliche Reibungszahl μ_0 ermitteln, und kommen hierfür die Gleichungen (3b)

$$\frac{S_2}{S_1} = \varepsilon^{\mu \cdot \beta}$$

und (37b)

$$\mu = 4 \cdot \frac{1 - \sin \alpha/2}{\pi - \alpha - \sin \alpha} \cdot \mu_0$$

in Betracht. In dem vorliegenden Fall ist der Umschlingungswinkel $\beta = \pi$, ferner entnehmen wir den Abb. 41 und 42:

für $\alpha' = 98^0 22'$ . . . . . (minimum) $S_2/S_1 = 1,75,$
für $\alpha'' = 81^0 40'$ . . . . . (minimum) $S_2/S_1 = 1,56.$

Aus Gl. (3b) ergibt sich dann als „scheinbare Reibungszahl"

$$\mu' = 0,1783 \text{ und } \mu'' = 0,144$$

ferner aus Gl. (37b) als „wirkliche Reibungszahl"

$$\mu'_0 = 0,080 \text{ und } \mu''_0 = 0,083.$$

Aus einem früheren Versuch, der mit einer Treibscheibenwinde mit Gegenscheibe ausgeführt wurde, ergab sich für die halbrunde Rille ohne Unterschnitt als „scheinbare Reibungszahl" $\mu = 0,107$, daher aus Gl. (37c) als „wirkliche Reibungszahl" $\mu_0 = 0,084$. Es ist hier von besonderem Interesse die Übereinstimmung der verschiedenen Ergebnisse von μ_0 festzustellen, ein Beweis für die Richtigkeit der obigen mathematischen Analyse.

27. Treibfähigkeit der verschiedenen Rillenformen. Trägt man in ein Koordinatensystem Werte von β als Abszissen und von $\varepsilon^{\mu \cdot \beta}$ als Ordinaten ein, dann ergibt sich das in Abb. 43 aufgezeichnete Diagramm, worin jede Kurve einem bestimmten Zentriwinkel α des Unterschnittes entspricht. Die zwischen μ und α bestehende Beziehung berechnet sich für $\mu_0 = 0.084$ aus Gl. (37b) wie folgt:

$\alpha =$	0^0	30^0	60^0	90^0	100^0	110^0	120^0	130^0
$\mu =$	0,107	0,117	0,137	0,173	0,192	0,216	0,246	0,289

Mit Kenntnis des Umschlingungswinkels β läßt sich aus diesem Diagramm entweder der Zahlenfaktor γ einer beliebigen Rillenform ermitteln, wie z. B. durch Punkt A, oder man kann, von dem Spannungsverhältnis S/S ausgehend, für einen gewählten β-Wert den benötigten Rillenunterschnitt direkt ablesen, wie z. B. durch Punkt B. Die eingetragenen Kurven sind allgemein gültig und beziehen sich nicht nur auf die halbrunde Rille mit und ohne Unterschnitt, sondern auch, jedoch mit gewissen Einschränkungen, auf die keilförmige Rille.

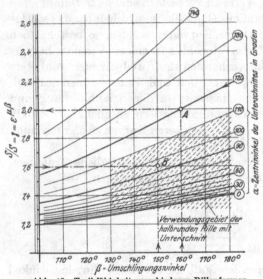

Abb. 43. Treibfähigkeit verschiedener Rillenformen.

Es ist bereits erklärt worden (Abschnitt 3), daß diese Rille nur anfänglich die Keilform hat, die aber bei der nicht zu vermeidenden Abnutzung bald verschwindet (Abb. 44 und 45). Sie nimmt dann die Form der unterschnittenen Rille mit Seilsitz an, welcher bei fortgesetzter Abnutzung immer schärfer hervortritt. Man kann also ebenfalls hier von einem Zentriwinkel α des Unterschnittes sprechen, der allerdings in diesem Fall auf Grund des keilförmigen Unterschnittes keinen konstanten Wert hat.

Durch die Rillenabnutzung setzt nämlich eine stetige Verminderung des α-Wertes ein, die die scheinbare Reibungszahl und somit die Treibfähigkeit in gleichem Sinne beeinflußt. Gerade hierin liegt

ein nicht zu unterschätzender Nachteil der Keilrille. In den Abb. 44
und 45 sind verschiedene Abnutzungsstufen sowie die dazugehörigen
Zentriwinkel α_1, α_2, α_3, α_4, usw. eingetragen, und es ist leicht zu sehen, daß

$$\alpha_1 > \alpha_2 > \alpha_3 > \alpha_4 > \alpha_5 \text{ usw.}$$

Für eine neugeschnittene Keilrille berechnet sich die scheinbare
Reibungszahl aus Gl. (37d), und die Treibfähigkeit ergibt sich dann aus
Gl. (3b). Ist z. B. der Klemmwinkel $\delta = 35^0$, dann ist für $\mu_0 = 0,084$
und $\beta = 180^0$ das entsprechende Spannungsverhältnis

$$\frac{S}{S} = 2,4.$$

Bei einsetzender Abnutzung wird dieser Wert immer kleiner; die Ermittlung von μ vollzieht sich nun nach Gl. (37a) für einen Geltungs-

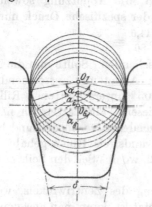

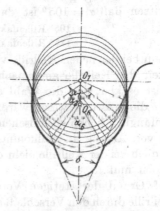

Abb. 44. Abnutzung der Keilrille   Abb. 45. Abnutzung der Keilrille
  bei kleinem Klemmwinkel   bei großem Klemmwinkel
        ($\delta = 20^0$).   ($\delta = 45^0$).

bereich von $180 - \delta \geqq \alpha \geqq 180 - 2\delta$[1]), d. h. in diesem Fall für 145^0
$\geqq \alpha \geqq 110^0$ und nach Gl. (37b) für $\alpha \leqq 180 - 2\delta$, d. h. in diesem Fall
für $\alpha \leqq 110^0$ und man erhält

für $\alpha =$	145^0	135^0	125^0	115^0	105^0	95^0	85^0
$S/S =$	2,4	2,35	2,22	2,06	1,89	1,77	1,67

In ähnlicher Weise lassen sich bereits abgeleitete Formeln bei der
Ermittlung des Rillenfaktors für die Keilrille benutzen und zwar in

---

[1]) Nach eingesetzter Abnutzung erhält die Keilrille einen Seilsitz, der sich
ebenfalls von den Zentriwinkeln α und γ genau so bemessen läßt, wie in Abb. 34
gezeigt. Es besteht dann zwischen α, γ und δ die Beziehung

$$\alpha + \gamma + 2\delta = 360^0$$

woraus für den Grenzfall $\alpha = \gamma$ (vgl. Abb. 40): . . . . $\alpha = 180 - \delta$
und für den Fall, daß $\gamma = \pi$ ist: . . . . $\alpha = 180 - 2\delta$.
  Bei diesem letzten α-Wert erfolgt also der Übergang von Gl. (37a) zu Gl. (37b),
bzw. von Gl. (35a) zu Gl. (35b).

diesem Fall, d. h. für $\delta = 35^0$, Gl. (35a) für $145^0 \geqq \alpha \geqq 110^0$, und Gl. (35b) für $\alpha \leqq 110^0$. Allerdings geben diese Gleichungen nur für $\alpha \leqq$ ca. 125^0 zulässige Werte, da für höhere α-Werte die bei der Ableitung dieser Formeln gemachten Bedingungen sich bereits bemerkbar machen. Jedoch gibt uns der Verlauf der theoretischen Kurve gewisse Anhaltspunkte, die für die Praxis wertvoll sind, und gestattet uns die nachstehend im Klammern eingetragenen Werte des Rillenfaktors zu schätzen. Als Ergebnis kann somit verzeichnet werden:

für $\alpha =$	145^0	135^0	125^0	115^0	105^0	95^0	85^0
Rillenfaktor	(90)	(42)	26	19	14,5	11	8,5

Diese Zusammenstellung gibt uns einen Einblick in die spezifischen Druckverhältnisse, wie sie sich bei einer Keilrille vor und nach eingesetzter Abnutzung gestalten. Ist z. B. die Abnutzung soweit vorgeschritten, daß $\alpha = 105^0$ ist, dann ist der spezifische Druck nur

$$\frac{105^0 \, \text{Rillenfaktor}}{145^0 \, \text{Rillenfaktor}} = \frac{14,5}{90} = \frac{1}{6,2}$$

von dem bei der neuen Keilrille vorherrschenden. Sollte nun die Treibfähigkeit der Keilrille auch nach dieser Abnutzung ausreichend sein, dann ist es klar, daß die Wahl einer 105^0 unterschnittenen Rille mit Seilsitz die bessere gewesen wäre. In diesem Falle hätten wir nämlich den anfänglich hohen spezifischen Flächendruck vermieden und hätten ferner von Anfang an vollkommen einwandsfreie Rillen gehabt. Dies ist nämlich bei der Keilrille nicht der Fall, wo das Seil den Seilsitz selbst schneiden muß.

Auf Grund der stetigen Veränderung des Zentriwinkels, welcher die Keilrille durch den Verschleiß ausgesetzt ist, kann man hier von einer Treibfähigkeitskurve nach Abb. 43 nur auf Basis einer bestimmten Abnutzung sprechen, die einer gewissen Lebenslänge der Rille entspricht. Erfahrungsgemäß lassen sich dann als zusammengehörige die folgenden Werte des Klemmwinkels δ und des Zentriwinkels α aufstellen:

$\delta =$	45^0	40^0	35^0	30^0	25^0	20^0
$\alpha =$	85^0	95^0	105^0	115^0	125^0	135^0

Diese Zusammenstellung gestattet einen Vergleich der keilförmigen mit der halbrunden unterschnittenen Rille; sie kann aber nur beim Feststellen der Treibfähigkeit benutzt werden. Die Ermittlung der erforderlichen Seilzahl erfolgt in der Praxis für sämtliche Keilrillen, als handelte es sich um eine 105^0 unterschnittene Rille mit Seilsitz, und es wird also keine Rücksicht auf den Wert des Klemmwinkels genommen.

Selbstverständlich ist die obige Übersicht nur als Leitfaden gegeben; es darf nämlich nicht vergessen werden, daß der Vergleich eine theoretische Richtigkeit nur in dem Moment hat, da die Keilrille durch Verschleiß denselben Zentriwinkel α erreicht, wie für die unterschnittene Rille mit Seilsitz maßgebend ist. Nur bis zum Eintritt dieses Moments hat man die Garantie, daß die Treibfähigkeit der Rille vollkommen ausreicht.

Auf Grund der Nachteile, die die Keilrille im Vergleich mit der unterschnittenen Rille mit Seilsitz aufweist, ist man geneigt, diese Rillenform von dem Verwendungsgebiet der letzterwähnten Rille auszuschalten und sie nur da zu verwenden, wo die Herstellung einer unterschnittenen Rillenform sich aus wirtschaftlichen Gründen nicht mehr lohnt. Die diesbezügliche Grenze liegt für $\alpha = $ ca. 110^0, die auch das eigentliche Arbeitsfeld der Treibscheibenwinde markiert. Über diese Grenze hinaus kommen nur die kleineren Maschinengrößen in Betracht und dann nur mit keilförmigen Rillen.

Diese Typenart eignet sich besonders für solche Anlagen, die auf Grund der Fahrstuhlgröße nur einen kleineren Umschlingungswinkel β gestatten. Wählt man außerdem für diese Type nur Anlagen mit aussetzendem Betrieb, dann kann man einen ziemlich hohen Flächendruck erlauben, der zur Verminderung der Seilzahl führt. Sollten jemals Fälle vorkommen, die eine Antriebskraft verlangt, die außerhalb des besprochenen Arbeitsfeldes liegt, dann kann nur die Trommelmaschine zur Verwendung kommen. Die Erfahrung zeigt jedoch, daß zurzeit solche Fälle nur ausnahmsweise auftreten.

Die in Abb. 43 eingetragene unterste Kurve gilt in ihrer Verlängerung zwischen $\beta = $ ca. 260^0 bis $\beta = $ ca. 360^0 für die Type der Treibscheibenwinden, die mit einer Gegenscheibe versehen ist (Abb. 1a). In diesem Fall kommen, wie bekannt, nur halbrunde Rillen in Betracht, und aus dem Grunde wird nur die Kurve berücksichtigt, für die $\alpha = 0$ ist. Die Werte von $\varepsilon^{\mu\beta}$ lauten in diesem Fall:

β	260^0	280^0	300^0	320^0	340^0	360^0
$\varepsilon^{\mu\beta}$	1,63	1,68	1,75	1,82	1,89	1,96

G. Die Auswertung der theoretischen Ergebnisse.

28. Ermittlung der Rillenform. Eine der ersten Aufgaben, die uns bei der Verwendung der Treibscheibenwinde begegnet, ist die Bestimmung der für die Kraftübertragung erforderliche Rillenform. Es ist bereits in Abb. 43 gezeigt, wie man durch Vergrößerung des Unterschnittes oder durch Verwendung von keilförmigen Rillen die Treibfähigkeit der Maschine beliebig erhöhen kann, und dadurch für die in der Praxis vorkommenden Ansprüche eine passende Rillenform finden. Maßgebend für die diesbezügliche Berechnung ist Gl. (3b):

$$S_2/S_1 = \varepsilon^{\mu \cdot \beta}$$

die nach Gl. (37b) und bei Benutzung des abgekürzten Ausdruckes S/S lautet:

$$S/S = \varepsilon^{4 \cdot \frac{1 - \sin \alpha/2}{\pi - \alpha - \sin \alpha} \cdot \mu_0 \cdot \beta} . \tag{38}$$

Die in dieser Gleichung enthaltene dynamische Verhältniszahl S/S der Spannkräfte, ergibt sich aus den Bedingungen, die für die in Betracht kommende Aufzugsanlage maßgebend sind. Diesem Zahlwert gegenüber muß der Wert von $\varepsilon^{\mu \cdot \beta}$ entweder derselbe oder ein größerer sein. Ist uns also das Spannungsverhältnis S/S sowie der für die Anlage einschlägige Umschlingungswinkel β bekannt, dann gibt Abb. 43 die gesuchte Antwort in bezug auf das für eine Kraftübertragung ohne Seilgleiten benötigte Rillenprofil. Zur Erläuterung dient das in dieser Abbildung angeführte Beispiel, das durch den Schnittpunkt B zum Ausdruck kommt. Es ist nämlich hier angenommen, daß der Umschlingungswinkel $\beta = 150^0$ und das Spannungsverhältnis $S/S = 1{,}6$ ist. Die durch die Lage des Schnittpunktes B gegebene Antwort besagt, daß eine unterschnittene Rille mit $\alpha = $ ca. 95^0 eine Kraftübertragung garantiert, die den gestellten Forderungen entspricht. Es ist klar, daß hier Rillen mit größerem Unterschnitt etwa 100^0 oder 105^0 auch gewählt werden können, dagegen können kleinere Werte von α, wie z. B. 85^0, hier nicht in Betracht kommen.

Dasselbe Diagramm enthält ein zweites Beispiel, worin $\beta = 160^0$ und $S/S = 2{,}0$ ist. Dieses Wertepaar ist durch den Schnittpunkt A definiert, der zufälligerweise auf die eingetragene Kurve $\alpha = 120^0$ fällt. Da dieser Punkt außerhalb des Verwendungsgebietes der unterschnittenen Rille liegt, kann hier nur eine keilförmige Rille verwendet werden. Aus der in Abschnitt 27 gegebenen Zusammenstellung entnehmen wir den Wert des entsprechenden Klemmwinkels, d. h. $\delta = $ ca. $27{,}5^0$.

Wie aus den obigen Beispielen hervorgeht, setzt die Ermittlung der Rillenform nach Abb. 43 eine Kenntnis des dynamischen Spannungsverhältnisses voraus, dessen Berechnung in vielen Fällen nach ziemlich komplizierten Formeln erfolgt. Nun besteht, wie in Abschnitt 20 bewiesen, für die überwiegende Mehrzahl der gebräuchlichen Aufzugsanordnungen eine bestimmte Beziehung zwischen dem statischen und dem dynamischen Spannungsverhältnis, die sich wie folgt ausdrücken läßt:

$$\text{(statisch)} \quad S/S \cdot \frac{g+p}{g-p} = S/S \quad \text{(dynamisch)}.$$

Für diese Aufzugsanordnungen genügt es also das statische Spannungsverhältnis zu ermitteln, und dann dieses mit dem Beschleunigungsfaktor $\dfrac{g+p}{g-p}$ zu multiplizieren. Hierdurch erübrigt sich die komplizierte Berechnung des dynamischen Verhältnisses. Bezeichnet also S/S das statische Belastungsverhältnis, dann läßt sich Gl. (38) wie folgt schreiben:

$$\text{(statisch)} \quad S/S \cdot \frac{g+p}{g-p} = \varepsilon^{\, 4 \cdot \frac{1 - \sin \alpha/2}{\pi - \alpha - \sin \alpha} \cdot \mu_0 \cdot \beta}. \tag{39}$$

Der Beschleunigungsfaktor $\dfrac{g + p}{g - p}$ läßt sich aus den in Abschnitt 20 gegebenen Werten der Kabinenverzögerung p berechnen, und man erhält die folgende Übersicht, die die Beziehung von $\dfrac{g + p}{g - p}$ zu der Hubgeschwindigkeit v angibt:

v in m/sek:	0,75	1,0	1,5	2,0	2,5	3,0	3,5
p in m/sek²:	0,65	0,85	1,15	1,40	1,65	1,88	2,10
$\dfrac{g + g}{g - p}$:	1,14	1,19	1,26	1,33	1,40	1,47	1,55

Die Verwendung der Gl. (39) für die Bestimmung der Rillenform ist ziemlich umständlich, und da eine derartige Berechnung des öfteren zwecks Kontrolle vorgenommen werden muß, empfiehlt es sich, diese Formel nomographisch darzustellen, wie in Abb. 46 getan. Hierdurch erreicht man den Vorteil, daß die gesuchten Größen unmittelbar abzulesen sind; ferner ist durch das Nomogramm die Möglichkeit gegeben, die Beziehung und Fortdauer zwischen den veränderlichen Größen sichtlich verfolgen zu können. Die Theorie und der Aufbau dieses Nomogrammes ist im Anhang eingehend behandelt, und dessen Verwendung geht aus den folgenden Beispielen hervor.

29. Praktische Beispiele.

Beispiel 7. Für eine Aufzugsanlage nach Abb. 29, d. h. mit obenliegender Maschine und mit Unterseilen zum Ausgleich der Tragseile bestehen folgende Daten:

Hubhöhe	40 m
Hubgeschwindigkeit	2 m/sek.
Nutzlast	1000 kg
Kabinengewicht	1300 kg
Gegengewicht	1700 kg
Seilgewicht (geschätzt)	150 kg
Seilführung	1 : 1
Umschlingungswinkel	180°

Für die Berechnung des Spannungsverhältnisses kommt hier die Gleichungsgruppe (21) in Betracht. Demgemäß ergibt sich

1. für untenstehende vollbelastete Kabine nach Gl. (21a) und (21b):

$$\text{(statisch)} \quad S/S = \frac{1300 + 1000 + 150}{1700 + 150} = 1,325\,,$$

$$\text{(dynamisch)} \quad S/S = 1,325 \cdot \frac{g + p}{g - p} = 1,76\,,$$

worin der Beschleunigungsfaktor $\dfrac{g + p}{g - p} = 1,33$, wie in Abschnitt 28 angegeben.

2. für obenstehende leere Kabine ($=$ Kabine + Führer $= 1300 + 75 = 1375$ kg) nach Gl. (21c) und Gl. (21d):

$$\text{(statisch)} \quad S/S = \frac{1700 + 150}{1375 + 150} = 1,21\,,$$

$$\text{(dynamisch)} \quad S/S = 1,21 \cdot \frac{g + p}{g - p} = 1,61\,.$$

Da für die Ermittlung des Rillenprofils nur die Höchstwerte von S/S[1]) in Frage kommen, so können wir entweder von dem statischen Wert $= 1,325$ oder von dem dynamischen Wert $= 1,76$ ausgehen. Im ersteren Fall erfolgt die Berechnung nach Gl. (39), im letzteren nach Gl. (38), und als Ergebnis erhält man in beiden Fällen $\alpha = 95^0$.

Nomographisch läßt sich diese Antwort dadurch ermitteln, daß man zunächst den Schnittpunkt A (Abb. 46) festlegt, der die bekannten Werte $S/S = 1,325$ und $v = 2,0$ m/sek. bezeichnet. Die Senkrechte durch diesen Punkt schneidet in B die Überbrückungslinie und man erhält, die Richtung der hyperbolischen Netzschar — auch Rechenlinien genannt — verfolgend, den Schnittpunkt C mit der Wagerechte $\beta = 180^0$. Von C aus gibt die Senkrechte die gesuchte Antwort $\alpha = 95^0$. Gleichzeitig zeigt uns die μ-Skala, daß hier eine scheinbare Reibungszahl von $\mu = 0,182$ für die Kraftübertragung erforderlich ist.

Die Vorteile, die mit der Verwendung eines Nomogrammes verbunden sind, treten besonders bei einer fortgesetzten Analyse des Problemes hervor. Zum Beispiel, sollte es sich an Ort und Stelle vorteilhafter zeigen, den Umschlingungswinkel zu vermindern, etwa $\beta = 150^0$, dann erhält man den dementsprechenden α-Wert einfach dadurch, daß von B aus die Richtung der Netzschar bis C' verfolgt wird, welcher Punkt auf der Wagerechte $\beta = 150^0$ liegt. Die Senkrechte durch C' gibt als Antwort $\alpha = 111^0$ und gleichzeitig $\mu = 0,218$. Eine weitere Verminderung von β, etwa $\beta = 130^0$, gibt uns durch Punkt C'' die Antwort $\alpha = 120^0$. Damit haben wir die Grenzlinie der halbrunden Rille mit Unterschnitt überschritten, und befinden uns auf dem Gebiet der keilförmigen Rille. Der entsprechende Klemmwinkel ist $\delta =$ ca. 27^0, was ebenfalls aus dem Nomogramm abzulesen ist.

Beispiel 8. Eine Treibscheibenwinde ist mit halbrunden unterschnittenen Rillen versehen, deren Zentriwinkel $\alpha = 95^0$ ist. Welche sind die statischen Höchstwerte von S/S, die für einen Geschwindigkeitsbereich von 0,75 bis 2,5 m/sek. in Frage kommen können. Hierbei sind nur die beiden Werte $\beta = 180^0$ und 150^0 zu berücksichtigen.

Die Lösung dieses Problemes erfolgt zunächst für $\beta = 180^0$ durch die Festlegung des Schnittpunktes C (Abb. 46), der das Wertepaar $\alpha = 95^0$ und $\beta = 180^0$ definiert. Von hier aus wird die Richtung der Netzschar verfolgt bis B, der auf der Überbrückungslinie liegt. Die Senkrechte durch diesen Punkt schneidet die Geschwindigkeitsschar, wie z. B. in A, und von diesen Schnittpunkten aus gibt die (S/S)-Schar die folgende Antwort:

1. für $\beta = 180^0$:

$v =$ 0 bis	0,75	1,0	1,25	1,50	1,75	2,0	2,25	2,50
$S/S =$	1,55	1,49	1,44	1,40	1,36	1,325	1,29	1,265

---

[1]) Durch Änderung an dem Gegengewicht läßt sich der Unterschied zwischen den S/S-Werten bei vollbelasteter und leerer Kabine, wie oben, ausgleichen, und man erhält einen neuen S/S-Wert, der das geometrische Mittel aus den früheren ist. Die entsprechende Gewichtsänderung ergibt sich in dem vorliegenden Fall nach Gl. (21 c) wie folgt:

$$\sqrt{1,325 \cdot 1,21} = \frac{G_x + 150}{1375 + 150} = 1,266, \quad \text{woraus} \quad G_x = 1780 \text{ kg}$$

statt wie vorher $G = 1700$ kg. Es trifft des öfteren zu, daß eine derartige Änderung an dem Gegengewicht mit Vorteil gemacht werden kann um den S/S-Wert zu vermindern, vor allem, wenn es sich um die Verwendung einer bereits festliegenden Normalrille handelt.

In gleicher Weise erhält man für $\beta = 150^{\circ}$ durch die Bestimmung der Schnittpunkte E und D die folgenden Höchstwerte von S/S:

2. für $\beta = 150^{\circ}$:

$v = 0$ bis 0,75	1,0	1,25	1,50	1,75	2,0	2,25	2,50
$S/S =$	1,41	1,36	1,315	1,275	1,24	1,21	1,18	1,15

Beispiel 9. Zu den in Beispiel 7 gegebenen Daten kommt für eine Aufzugsanlage nach Abb. 32, jedoch mit Unterseilen und Spannvorrichtung, das Gewicht der

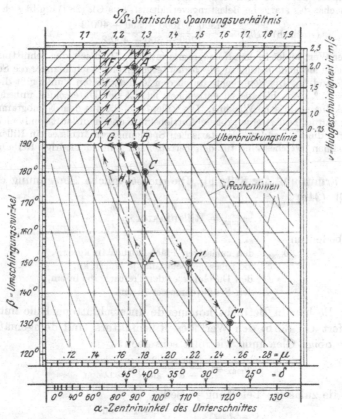

Abb. 46. Netztafel nach Gl. (39) zur Ermittlung der Rillenform.

letzteren $= 400$ kg sowie der Wert von $p = 1{,}40$ m/sek² hinzu. Da die Beziehung zwischen den hier in Betracht kommenden Formeln (28a) und (28b) sich nicht durch die Verhältniszahl $\dfrac{g + p}{g - p}$ ausdrücken läßt, fragt es sich, wieviel die nomographische von der den obigen Gleichungen befolgenden Lösung abweicht? Es ist hier zu bemerken, daß das Nomogramm für solche Fälle konstruiert ist, die sich durch die obige Verhältniszahl zwischen den statischen und dynamischen Belastungen charakterisieren lassen. Die Feststellung, inwiefern die Abweichung von störendem Einfluß ist, ist jedoch von besonderem Interesse.

Für die Berechnung des dynamischen Spannungsverhältnisses nach Gl. (28 b) ergibt sich zunächst aus Beispiel 4:

$$m_L = 102 , \quad m_K = 132 , \quad m_G = 173{,}5 , \quad m_S = 15{,}3 \text{ und } m_V = 40{,}8$$

daher

$$(\text{dynamisch}) \quad S/S = \frac{264{,}6 \cdot 9{,}81 + 295{,}2 \cdot 1{,}40 + 400/2}{204{,}1 \cdot 8{,}41 + 400/2} = 1{,}67 .$$

Setzt man diesen Wert in Gl. (38) ein, dann erhält man als erforderlich ein Rillenprofil mit $\alpha = 84^0$.

Um dieses Problem nach Abb. 46 nomographisch lösen zu können, berechnet man zunächst das statische Belastungsverhältnis. Aus Gl. (28a) ergibt sich dann:

$$(\text{statisch}) \quad S/S = \frac{1300 + 1000 + 300 + 400/2}{1700 + 300 + 400/2} = 1{,}27 .$$

Dieser Wert bildet in dem Nomogramm mit $v = 2{,}0$ m/sek. den Schnittpunkt F, und dieselbe Methode befolgend wie vorher, ergeben sich nacheinander die Schnittpunkte G und H. Die Senkrechte durch den letzterwähnten Punkt gibt die Antwort $\alpha = 87^0$. Wie hieraus zu entnehmen ist, ist der Unterschied unbedeutend und hat keine praktische Wirkung. Die Rillenform, die aus dem Nomogramm entnommen wurde, besitzt eine größere Antriebskraft und man läuft somit nicht Gefahr, durch die Verwendung des statischen Spannungsverhältnisses ein Rillenprofil zu bekommen, welches eine für den betreffenden Fall zu niedrige Reibungszahl aufweist.

30. Ermittlung der Seilzahl. Die diesbezügliche Berechnung erfolgt nach Gl. (34c)

$$p_{max} = \text{Rillenfaktor} \cdot \frac{S}{d \cdot D}$$

worin bedeuten

p_{max} den zulässigen Flächendruck in kg/cm², \
S die zulässige Belastung je Seil in kg, \
D den Durchmesser der Treibscheibe in cm, \
d den Seildurchmesser in cm.

Für die hier in Betracht kommende unterschnittene Rille mit Seilsitz liefert Gl. (35 b) den Wert des Rillenfaktors, und demgemäß läßt sich die obige Gleichung wie folgt schreiben:

$$p_{max} = \frac{8 \cos \alpha/2}{\pi - \alpha - \sin \alpha} \cdot \frac{S}{d \cdot D} .$$

Daher die zulässige Belastung je Seil

$$S = d \cdot D \cdot p_{max} \cdot \frac{\pi - \alpha - \sin \alpha}{8 \cos \alpha/2} . \tag{40}$$

Die Werte des zulässigen Flächendruckes p_{max} ändern sich nicht nur mit der Seilgeschwindigkeit, sondern richten sich auch nach dem Verwendungszweck des betreffenden Aufzugs. Dieser Punkt ist eingehend in Abschnitt 24 besprochen, und die zu verwendenden (p_{max})-Werte sind in Abb. 39 graphisch gegeben. Hierbei ist besonders zu beachten, daß der Flächendruck von der Seilgeschwindigkeit abhängig ist, die nicht mit der Hubgeschwindigkeit verwechselt werden darf. Nur bei direkter Kabinenaufhängung kommt die Seilgeschwindigkeit der

Hubgeschwindigkeit gleich; erfolgt dagegen die Aufhängung durch lose Rolle, dann hat die Seilgeschwindigkeit den doppelten Wert der Hubgeschwindigkeit.

Auch hier ist die für die Ermittlung der Seil- und Rillenzahl zu verwendende Gleichung (40) ziemlich kompliziert, und daher bietet die in Abb. 47 gegebene nomographische Darstellung dieser Formel gewisse Vorteile. Dieses Nomogramm ist außerdem mit den in Abb. 39 enthaltenen Daten des zulässigen Flächendruckes vervollständigt, weshalb ein Zurückgreifen hier nicht erforderlich ist. Ferner läßt sich der Seilsicherheitsgrad direkt ablesen, und für die maximale Seilbelastung sind Kurven eingetragen, deren Werte mit den folgenden in den Vereinigten Staaten Amerikas vorkommenden übereinstimmen:

Hubgeschwindigkeit . . .	0,5	1,0	1,5	2,0	2,5
Min. Sicherheitsgrad:					
Personenaufzüge	8	8,6	9,2	9,7	10,2
Lastenaufzüge	7	7,6	8,2	8,65	9,1

Dieses Nomogramm ist für gewöhnliche Rundlitzenseile mit Kreuzschlag und Rillen aus Grauguß mit Stahleisenzusatz zu verwenden, da die angegebenen Werte des Flächendruckes sich hierauf beziehen. Selbstverständlich läßt sich das Nomogramm ebenfalls für andere Seilarten benutzen. Kommen z. B. Seile mit Längsschlag in Betracht, dann gestattet die größere Berührungsfläche einen etwa 25 % höheren Flächendruck, was dann bei der Verwendung des Nomogrammes zu berücksichtigen ist. Gleichzeitig, und zwar auf Grund der größeren Biegsamkeit dieser Seilart, kann die Verhältniszahl zwischen Treibscheiben- und Seildurchmesser etwas kleiner gewählt werden, als es bei Verwendung von Kreuzschlagseilen der Fall ist. In der Praxis besteht nämlich hier die Regel, daß

Treibscheibendurchmesser ≥ 48 · Seildurchmesser.

Obgleich die sogenannte „Seale lay" eine in Amerika bevorzugte Seilbauart ist (vgl. Abschnitt 6), so finden Seile mit Kreuzschlag viel Verwendung bei den Treibscheibenaufzügen. Die Bruchlast dieser Seile, die aus „high-grade high-carbon steel" hergestellt sind, ist wie folgt:

für $^1/_2''$ Seil: ca. 6250 kg (Seilgewicht = 0,58 kg/m)
„ $^5/_8''$ „ „ 9250 kg „ = 0,92 „
„ $^3/_4''$ „ „ 12750 kg „ = 1,32 „
„ $^7/_8''$ „ „ 16250 kg „ = 1,79 „

31. Praktische Beispiele.

Beispiel 10. Angenommen, daß die Treibscheibe des in Beispiel 7 skizzierten Aufzugs einen Durchmesser von 850 mm hat, was ist dann die erforderliche Seilzahl und Seilgröße? Der Aufzug ist nur für aussetzenden Personenverkehr — Klasse 2 — beabsichtigt.

Das für die Treibscheibe in Frage kommende Rillenprofil ist bereits im Beispiel 7 berechnet, und die Antwort gibt einen Zentriwinkel $\alpha = 95^0$ als erforderlich für die Kraftübertragung. Dementsprechend ist nach Abb. 38 der Rillenfaktor

$$\frac{8 \cos \alpha/2}{\pi - \alpha - \sin \alpha} = 11,2 .$$

Ferner entnimmt man aus Abb. 39 den Wert von p_{max}, der hier nach Kurve 2, die in diesem Beispiel in Betracht kommt, gleich 52,5 kg/cm² ist. Dieser Wert bezieht sich auf Seile mit Kreuzschlag und in der Annahme, daß diese Seilart zur Verwendung kommt, muß der

$$\text{Treibscheibendurchmesser} \geq 48 \cdot \text{Seildurchmesser}$$

sein. Da die Treibscheibe 850 mm im Durchmesser ist, können hier ⁵/₈'' benutzt werden. Daher nach Gl. (40) die zulässige Belastung je Seil

$$S = 1,59 \cdot 85 \cdot 52,5 \cdot \frac{1}{11,2} = 633 \, \text{kg} .$$

Die maximale statische Belastung in diesem Fall ist

$$S_{max} = (m_K + m_L + m_S) \cdot g = 1300 + 1000 + 150 = 2450 \, \text{kg}$$

und daher die erforderliche

$$\text{Seilzahl} = \frac{2450}{633} = 3,87 = 4 \, (^5/_8'') .$$

Die Antwort lautet also, daß der betreffende Aufzug mit 4—⁵/₈'' Seilen versehen werden muß. Da die Bruchlast eines ⁵/₈'' Seiles ca. 9250 kg ausmacht, ist in diesem Fall der

$$\text{Seilsicherheitsgrad} = \frac{9250}{2450/4} = 15$$

der also bedeutend über der Mindestzahl von 9,7 liegt. Das Gewicht dieser vier Seile beträgt

$$4 \cdot 0,92 \cdot 40 = 147 \, \text{kg} .$$

Im Beispiel 7 wurde das Seilgewicht zu 150 kg geschätzt.

Die nomographische Lösung dieses Problems erfolgt nach Abb. 47 zunächst durch das Festlegen des Punktes A, dessen Lage durch die Kurve der Seilgeschwindigkeit $v = 2,0$ m/sek. und die Koordinatenlinie der Klasse 2 bestimmt ist. Die Senkrechte durch diesen Punkt, die einen zulässigen Flächendruck von 52,5 kg/cm² angibt, schneidet in B die Wagerechte $D = 85$ cm. Als nächster Schritt erfolgt das Festlegen von C, der das Wertepaar $d = ^5/_8''$ und $\alpha = 95^0$ definiert. Die Wagerechte von hier aus bildet mit der Rechenlinie durch B den Schnittpunkt D, und die Senkrechte durch diesen Punkt gibt die gesuchte Antwort $S = $ ca. 630 kg. Außerdem zeigt uns diese Linie, daß ein Sicherheitsgrad von ca. 14,7 vorhanden ist.

Selbstverständlich ist bei dieser Art von Problemen keine mathematische Genauigkeit erforderlich, und da somit keine exakte Auswertung der betreffenden Funktion verlangt wird, tritt hier das Nomogramm als ein sehr geeignetes Hilfsmittel ein. Auch zeigt sich die übersichtliche und anschauliche Darstellung der Funktionsergebnisse, die für diese Art von Nomogrammen charakteristisch ist, sehr wertvoll, wie aus der folgenden Analyse des vorliegenden Problemes hervorgeht.

Hätten wir ¹/₂''- statt ⁵/₈''-Seile gewählt, dann gibt zunächst Punkt C' diese Datenänderung an. Von hier aus ermittelt man D', und die Vertikale durch diesen Punkt zeigt uns die Belastung des ¹/₂''-Seiles als ca. 505 kg. Daher die

$$\text{Seilzahl} = \frac{2450}{505} = 4,85 = 5 \, (^1/_2'') .$$

Das Gewicht dieser fünf Seile ist

$$5 \cdot 0,58 \cdot 40 = 116 \, \text{kg}$$

und es stellt sich also in diesem Fall vorteilhafter 5—$^1/_2$″- als 4—$^5/_8$″-Seile zu verwenden. Nicht nur ist das Seilgewicht ein geringeres, sondern auch das „Unterseil" erfährt eine dementsprechende Gewichtsverminderung. Die Seilsicherheit auf Zug wird allerdings kleiner, etwa 12,8. Es ist in Paranthese bemerkt, daß die Abrundung der theoretischen Seilzahl nach oben eine dementsprechende Erhöhung des aus dem Nomogramm ermittelten Wertes der Seilsicherheit verlangt. Der Vergleich der Seilsicherheit, der zugunsten des größeren Seiles ausfällt, hat weniger praktische Bedeutung als die Zunahme der Seilzahl, die die Verwendung

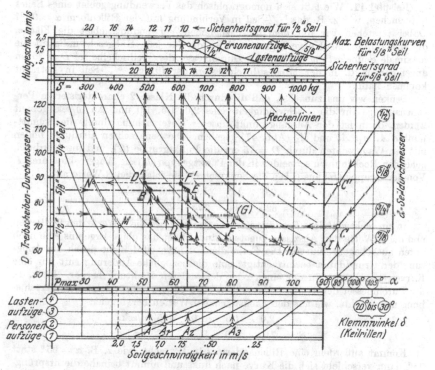

Abb. 47. Netztafel nach Gl. (40) zur Ermittlung der Seilzahl (für Rundlitzenseil mit Kreuzschlag und Rillenkranz aus Grauguß mit Stahleisenzusatz).

des $^1/_2$″-Seiles bietet. Je größer diese Zahl ist, desto kleiner ist nämlich die mit einem Seilbruch verbundene Gefahr.

Wir werden auch hier den Fall untersuchen, falls Seile mit Längsschlag verwendet werden. Wie vorher erwähnt, gestattet diese Seilart eine Erhöhung des Flächendruckes mit etwa 25 %, d. h. statt mit 52,5 kg/cm² zu rechnen, können wir von 65 kg/cm² ausgehen. Die diesbezügliche Vertikale bildet mit $D = 85$ cm den Schnittpunkt E, und die Rechenlinie hierdurch schneidet in F und F' die Wagerechten durch C und C'. Für das $^5/_8$″-Seil ist die zulässige Belastung ca. 780 kg, für das $^1/_2$″-Seil ca. 625 kg oder fast dieselbe, wie vorher für das $^5/_8$″-Seil mit Kreuzschlag. Werden also $^1/_2$″-Seile mit Längsschlag verwendet, dann geht die Seilzahl auf 4 herunter. Der Sicherheitsgrad ist ungefähr 10 und liegt also dem durch Punkt P gegebenen Grenzwert für die hier in Betracht kommende Hubgeschwindigkeit von 2,0 m/sek. sehr nahe.

Untersuchen wir nun das Ergebnis, für die $^5/_8''$-Seile mit Längsschlag, dann ist die erforderliche

$$\text{Seilzahl} = \frac{2450}{780} = 3{,}14 = 4\,(^5/_8'')\,.$$

Im allgemeinen — wir sprechen hier von Aufzügen mit einer Nutzlast von 400 kg und darüber — kommt eine Seilzahl unter 4 nicht in Betracht; gleichfalls geht für direkte Kabinenaufhängung die Seilzahl nicht über 8. Diese Zahl scheint zurzeit hinreichend, um das Verwendungsgebiet der Treibscheibenwinde zu decken.

Beispiel 11. Wie läßt sich nomographisch das Verwendungsgebiet eines Seiles untersuchen, wie z. B. das $^5/_8''$-Seil in Verbindung mit der Rillenform $\alpha = 90^0$? Dabei verstehen wir mit dem diesbezüglichen Verwendungsgebiet die Fläche, die sich durch eine Kurve begrenzen läßt, die für jede Hubgeschwindigkeit die maximale Seilbelastung angibt. Als Durchmesser der Treibscheibe sei $D = 75$ cm angenommen, d. h. der Mindestdurchmesser, der für ein $^5/_8''$-Seil in Betracht kommen kann.

Denken wir uns zunächst, daß die durch die Klasse 2 charakterisierten Personenaufzüge für die Geschwindigkeitsreihe 2,0, 1,5, 1,0 und 0,5 m/sek. gebaut werden, dann ist der Ausgangspunkt unserer Untersuchung durch die Schnittpunkte A, A_1, A_2 und A_3 (Abb. 47) gegeben. Die Senkrechten hierdurch bilden mit der Wagerechten durch $D = 75$ cm die Punktgruppe (G), und die hierdurch gehenden Rechenlinien schneiden in der Punktgruppe (H) die Wagerechte durch I. Von der Gruppe (H) aus geben die Senkrechten die folgenden S-Werte an:

$v =$	2,0	1,5	1,0	0,5 m/sek.
$S =$	625	680	775	955 kg

In ein rechtwinkliges Bezugssystem eingetragen, wo die v-Werte den Ordinaten und die S-Werte den Abszissen zugeteilt sind, bildet das obige Ergebnis eine nach unten ausgebogene Kurve. Die Form dieser Kurve wird nicht durch die Änderung der Grunddaten beeinträchtigt; eine diesbezügliche Änderung ruft nur eine Kurvenverschiebung in der einen oder der anderen Richtung hervor. Ist z. B. der Durchmesser der Treibscheibe größer, etwa 85 cm, dann erfolgt eine Verschiebung nach rechts, wie aus den nachstehenden Werten hervorgeht:

$v =$	2,0	1,5	1,0	0,5 m/sek.
$S =$	710	770	880	1080 kg

Kommt außerdem eine Rillenänderung in Betracht, wie z. B. $\alpha = 95^0$ statt 90^0, dann verschiebt sich die Kurve nach links und nimmt beinahe die ursprüngliche Lage ein. Das Ergebnis ist das folgende:

$v =$	2,0	1,5	1,0	0,5 m/sek.
$S =$	635	690	785	965 kg

Ein höherer α-Wert hätte die Kurve noch weiter nach links gebracht.

Es ist hieraus ersichtlich, daß je nach der Wahl der für die Berechnung zugrunde liegenden Daten die Begrenzungskurve eine andere Lage einnimmt, jedoch gruppieren sich die einschlägigen Kurven derartig, daß man für jede Seilgröße eine bestimmte Grenzlinie festlegen kann. Für die einschlägige Normung hat diese Möglichkeit das Verwendungsgebiet verschiedener Kombinationen von Seilgröße und Seilzahl festlegen zu können, eine große Bedeutung, wie wir später sehen werden.

Es ist hier von besonderem Interesse die Seilsicherheit auf Zug zu beobachten. In sämtlichen Fällen, die hier besprochen sind, tritt die Tatsache offen zutage, daß der Seilsicherheitsgrad mit höherer Hubgeschwindigkeit zunimmt, eine Erscheinung, die offenbar mit der Abnahme des Flächendruckes mit zunehmender

Geschwindigkeit zusammenhängt (Abb. 39). In dem ersten Fall finden wir z. B. als Werte der Seilsicherheit (Bruchlast des $^5/_8''$-Seiles = ca. 9250 kg):

Hubgeschwindigkeit .	2,0	1,5	1,0	0,5
Seilsicherheit	14,7	13,6	11,9	9,7

Dieser für die Treibscheibenwinde charakteristische Zug gesellt sich zu der Reihe vorher erwähnter Vorteile dieser Maschinentype. Die oben angegebenen Werte sind nicht als Höchstwerte anzusehen, vielmehr kommt es wohl des öfteren vor, daß die Seilsicherheit einen noch höheren Wert annimmt, und es ist bei dieser Aufzugsart keine Seltenheit einen Sicherheitsgrad vorzufinden, der zwischen 15 und 25 liegt.

III. Die Theorie der Puffervorrichtungen.
A. Berechnung der Federpuffer.

32. Analyse der Bewegungsvorgänge. Wie bereits in Abschnitt 7 erwähnt, bezweckt die Puffervorrichtung, daß der abwärtsfahrende Körper, sei es die Kabine oder das Gegengewicht, beim Versagen der Betriebsendabstellung allmählich zum Stillstand gebracht wird. Es ist hier für die spätere Analyse von Bedeutung zu bemerken, daß die Maschine mit voller Geschwindigkeit läuft, während die Kabine bzw. das Gegengewicht zum Aufsetzen auf den Federpuffer kommt. Allerdings stellt eine Feder keinen idealen Puffer dar, weil sie den aufgenommenen Stoß fast mit der gleichen Kraft zurück gibt; außerdem verlangt sie bei hohen Stoßgeschwindigkeiten ziemlich große Höhenabmessungen für die hier zulässige Verzögerung. Aus diesen Gründen ist auch die Grenze von dem Verwendungsgebiet des Federpuffers für eine höchste Betriebsgeschwindigkeit von 1,75 m/sek. festgelegt.

Untersucht man die Vorgänge, die sich vom Moment des Anpralls bis zum Stillstand der Kabine bzw. des Gegengewichtes abspielen, so lassen sie sich in bestimmte voneinander deutlich unterschiedliche Stufen einteilen. Bei dieser Analyse braucht keine Rücksicht auf die vorhandene Reibung genommen werden, wie es ebenfalls nicht notwendig ist, der Elastizität der Seile Rechnung zu tragen. Das Ergebnis wird nämlich durch diese beiden Faktoren so wenig beeinflußt, daß deren Vernachlässigung hier ohne Bedeutung ist.

Der erste Bewegungsvorgang ist dadurch charakterisiert, daß die Geschwindigkeit v_1 des anstoßenden Körpers während der ganzen Periode dieselbe bleibt. Der Unterschied, der in Wirklichkeit auftritt, ist so unbedeutend, daß eine konstante Geschwindigkeit hier angenommen werden kann. Die Feder wird um den Betrag f_1 cm, der Federkraft P_1 kg entsprechend, zusammengedrückt, und die Maschine wird durch diese Federarbeit entsprechend entlastet. Die Bewegungsgröße des Aufzugssystems erfährt also während dieser ersten Zeit keine Veränderung.

Der zweite Bewegungsvorgang tritt in dem Moment ein, da die durch die Zusammendrückung erreichte Federkraft P_1 ein Seilgleiten über die Treibscheibe verursacht. Der abwärtsfahrende Körper hat noch anfangs die Geschwindigkeit v_1, die aber allmählich auf den Wert v_2 heruntergeht. Die Feder wird unter gleichzeitigem Anstieg der Federkraft um weitere f_2 cm zusammengedrückt. Am Ende der zweiten Periode ist die Federkraft P_2, die genügend ist, um die Seilspannung an der Befestigungsstelle mit der Kabine bzw. dem Gegengewicht auf Null zu bringen. Während der ganzen Periode bilden Kabine und Gegengewicht ein einziges System und sind somit den gleichen Bewegungsgesetzen unterworfen.

Während des dritten Bewegungsvorgangs ist das Aufzugssystem dagegen in zwei voneinander getrennte Systeme zerlegt, von denen das

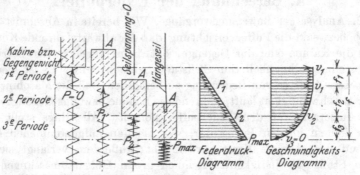

Abb. 48. Graphische Darstellung der Bewegungsvorgänge bei Federpuffern.

eine aus dem gegen den Federpuffer anfahrenden Körper besteht, sei es die Kabine oder das Gegengewicht. Während dieser Periode vermindert sich die Geschwindigkeit immer mehr und geht von dem Wert v_2 auf den Wert Null herunter. Die Kabine bzw. das Gegengewicht kommt allmählich zum Stillstand unter gleichzeitiger Zunahme der Federkraft, die zuletzt den Wert P_{max} erreicht. Inzwischen ist die Feder um weitere f_3 cm zusammengedrückt, und Hängeseil ist während der ganzen Zeit vorhanden.

Graphisch läßt sich das Charakteristische dieser Bewegungsvorgänge wie in Abb. 48 darstellen. Das Bild enthält zwei Diagramme, von denen das eine die Federarbeit und das andere die Veränderung der Geschwindigkeit angeben. Man erkennt die Durchbiegung der Feder, die für die verschiedenen Perioden die Werte f_1, f_2 und f_3 erreicht, sowie die am Ende einer jeden Periode auftretenden Federkräfte P_1, P_2 und P_{max}. Aus dem zweiten Diagramm ist ersichtlich, wie die Geschwindigkeit während der ersten Periode konstant ist, und wie sie später bei fortgesetzter Durchbiegung der Feder immer kleiner wird, bis sie zuletzt am Ende der dritten Periode den Wert $v_3 = 0$ hat. Die Seilspannung, wie sie am Befestigungspunkt A auftritt, wird gleich beim Anprall beeinflußt, wird immer geringer und hört am Ende der zweiten Periode gänzlich auf. Dieses ist durch eine Seilunterbrechung in A zum Ausdruck gebracht. Während der ganzen dritten Periode ist diese Spannung gleich Null, und es bildet sich Hängeseil.

Selbstverständlich läßt sich das Auftreten von Hängeseil dadurch vermeiden, daß man der abwärtsfahrenden Kabine bzw. dem Gegengewicht eine dementsprechend kleinere Verzögerungskraft entgegensetzt. Das Anhalten wird dann weicher und für die Fahrgäste angenehmer und ist deshalb besonders da am Platze, wo ein zu plötzliches Anhalten vermieden werden muß, wie z. B. in Krankenhäusern. Allerdings werden die Höhenabmessungen der Feder dementsprechend größer; da aber diese Aufzugsart gewöhnlich für eine niedrigere Betriebsgeschwin

digkeit eingerichtet ist, wird die Tiefe der Schachtgrube dadurch wenig beeinflußt. Für gewöhnliche Personenaufzüge kommt als Höchstwert eine Verzögerung von $2,5 \cdot$ Erdbeschleunigung in Betracht, ein Wert, zu dem man durch eingehende Versuche gekommen ist. Für Krankenaufzüge dagegen geht man zu $1,5 \cdot$ Erdbeschleunigung und sogar noch tiefer herab.

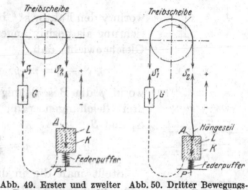

Abb. 49. Erster und zweiter Bewegungsvorgang der Federpuffer.

Abb. 50. Dritter Bewegungsvorgang der Federpuffer.

Verfolgt man die Veränderung in der Beziehung zwischen den beiden Spannkräften S_1 und S_2 während der erwähnten drei Perioden, dann lassen sich aus den sich ergebenden Werten ebenfalls charakteristische Züge der Bewegungsvorgänge aufweisen. Abb. 49 stellt das Massen- und Kräftesystem dar, wie es während der beiden ersten Perioden vorkommt. Die Seilspannung S_2 erfährt während dieser Zeit eine andauernde Verminderung, die ihren Grund in dem fortlaufenden Zuwachs der Federkraft P hat. Während die Treibscheibe in der angegebenen Richtung mit einer Geschwindigkeit läuft, die größer ist als die des Seiles, ist die Richtung der Reibungskräfte von S_1 zu S_2 und infolgedessen ist S_1 größer als S_2. Bezeichnet γ wie vorher den Faktor der Treibfähigkeit, d. h.

$$\gamma = \varepsilon^{u \cdot \beta}$$

dann besteht während der zweiten Periode die Beziehung

$$S_1 = \gamma \cdot S_2. \tag{41}$$

Während der dritten Periode, die in Abb. 50 veranschaulicht ist, geht

S_2 unter dem Einfluß der zunehmenden Federkraft P auf Null herunter.

33. Ableitung der Grundgleichungen. An beiden Enden eines um eine festgehaltene Rolle geschlagenes Seil denken wir uns die Massen M und m angebracht (Abb. 51a); ferner ist der Einfachheit halber angenommen, daß das Seil keine Maße und keine Elastizität besitzt. Zur Zeit $t = 0$ kommen die Massen unter den Einfluß der Kräfte Q und q, und eine Seilbewegung ist dadurch eingeleitet.

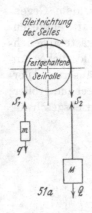

Dabei gleitet das Seil über die festsitzende Rolle in Richtung von Q, welcher Richtung die vorhandenen Reibungskräfte entgegengesetzt sind. Bezeichnen S_2 und S_1 die im Seil an beiden Seiten der Rolle auftretenden Spannungen, dann ist $S_2 > S_1$, und es besteht die Beziehung

$$S_2 = \gamma \cdot S_1,$$

worin γ den Faktor $\varepsilon^{\mu \beta}$ bedeutet. Wird nun die Gleitrichtung als positiv angenommen, dann erfordert das Gleichgewicht, daß

$$S_1 - q = m \cdot p \quad \text{und} \quad Q - S_2 = M \cdot p,$$

worin p die Beschleunigung bezeichnet. Aus diesen drei Gleichungen ergibt sich durch Elimination von S_1 und S_2

$$p = \frac{Q - \gamma \cdot q}{M + \gamma \cdot m}.$$

51b

51c

Abb. 51. Diagramm zur Ableitung der Grundgleichungen für Federpuffer.

Stellt man die in dieser Gleichung vorkommenden Massen und Kräfte graphisch dar, wie in Abb. 51b gezeigt, dann besagt dieses Bild, daß die Kräfte $(+ Q)$ und $(- \gamma \cdot q)$ auf einen Körper wirken, dessen Masse gleich $(M + \gamma \cdot m)$ ist. Es ist hier, wo eine Relativgeschwindigkeit zwischen Seil und Rille vorhanden ist, von besonderem Interesse, die dynamische Ähnlichkeit zu beobachten, die dieses System im Vergleich mit demjenigen aufweist, wo eine Relativbewegung nicht stattfindet, wie z. B. falls die angenommen massenlose Rolle nicht festgehalten wäre, sondern könnte die Bewegung des Seiles ohne Reibung mitmachen. Dieser Fall ist in Abb. 51c dargestellt, und wie ersichtlich, besteht der Unterschied darin, daß in Abb. 51b die Massen und Kräfte auf der Seite der Treibscheibe, welche die kleinste Seilspannung aufweist, mit γ zu multiplizieren sind. Die gemachte Annahme, daß die Seilrolle festzuhalten ist, beschränkt in keiner Weise die allgemeine Gültigkeit des obigen Ergebnisses; die Hauptsache ist nur, daß eine Relativbewegung zwischen Seil und Rolle vorhanden ist.

Das obige Resultat werden wir nun auf den vorliegenden Fall, wie in Abb. 49 schematisch dargestellt, verwenden und zwar für die zweite Periode, die uns zunächst interessiert, weil hier eine Änderung der Bewegungsgrößen stattfindet. Unter Berücksichtigung, daß in diesem Fall laut Gl. (41) S_1 größer als S_2 ist, sind sämtliche Massen und Kräfte auf der S_2-Seite mit γ zu multiplizieren, welches durch das untere Diagramm in Abb. 52 zum Ausdruck kommt. Die Bedeutung der neu hinzukommenden Bezeichnungen ist die folgende:

P Federkraft in kg,
L Nutzlast in kg,
K Kabinengewicht in kg,
G Gegengewicht in kg,
S Gewicht in kg der Trag- und Ausgleichseile für eine der Hubhöhe entsprechende Länge,

und man erhält

die Gesamtmassen

$$\Sigma M = \frac{\gamma \cdot (K+L) + G + S \cdot (\gamma+1)}{g}$$

und die Gesamtkräfte

$$\Sigma Q = \gamma \cdot P - \gamma \cdot (K+L) + G - S \cdot (\gamma-1)$$

worin die Richtung der Federkraft P, die mit derjenigen der Beschleunigung übereinstimmt, als positiv zu betrachten ist.

Geben wir den obigen Gleichungen die Form

$$\Sigma M = \frac{\gamma \cdot (K+L) + \lambda_1}{g} \tag{42a}$$

und

$$\Sigma Q = \gamma \cdot P - \gamma \cdot (K+L) + \lambda_2 \tag{42b}$$

worin λ_1 und λ_2 den G-Wert sowie den des nachfolgenden Gliedes enthält, dann sind wir imstande, die folgende mathematische Ableitung so zu gestalten, daß sie eine allgemeine Gültigkeit hat. Nur die Werte von λ_1 und λ_2 ändern sich je nach der Aufzugsanordnung hinsichtlich der Maschinenlage, Kabinen- und Gegengewichtsaufhängung, Seilausgleich usw.; z. B. ist in dem vorliegendem Fall mit obenliegender Maschine und Seilausgleich

$$\lambda_1 = G + S \cdot (\gamma+1), \tag{43a}$$
$$\lambda_2 = G - S \cdot (\gamma-1). \tag{43b}$$

Mithin ergibt sich für die Beschleunigung der Wert

$$p = \frac{\Sigma Q}{\Sigma M} = \frac{\gamma \cdot P - \gamma \cdot (K+L) + \lambda_2}{\gamma \cdot (K+L) + \lambda_1} \cdot g. \tag{44a}$$

Unserer Annahme gemäß, tritt die Verzögerung erst mit der zweiten Periode ein; am Anfang derselben ist daher $p = 0$. Gleichzeitig wirkt die Feder mit einer Kraft P_1 (vgl. Abb. 48), daher $P = P_1$, und wir erhalten aus Gl. (44a)

$$P_1 = K + L - \frac{1}{\gamma} \cdot \lambda_2. \tag{44b}$$

Am Ende dieser Periode oder, was damit gleichbedeutend ist, am Anfang der dritten Periode hat die Federkraft den Wert P_2, daher durch Einsetzen von $P = P_2$ in Gl. (44a)

$$p = \frac{\gamma \cdot P_2 - \gamma \cdot (K + L) + \lambda_2}{\gamma \cdot (K + L) + \lambda_1} \cdot g. \tag{44c}$$

Am Anfang der dritten Periode ist die Seilspannung in Punkt A (Abb. 48) gleich Null, und die Beschleunigung hat dann den Wert

$$p = \frac{P_2 - (K + L)}{K + L} \cdot g. \tag{44d}$$

Da für diesen Zeitpunkt, d. h. Ende der zweiten und Anfang der dritten Periode, die gleiche Verzögerung p vorhanden ist, ergibt sich aus den obigen Gleichungen (44c) und (44d)

$$P_2 = (K + L) \cdot \frac{\lambda_1 + \lambda_2}{\lambda_1}. \tag{44e}$$

Am Ende der dritten Periode hat die Federkraft ihren Höchstwert P_{max} erreicht, daher nach Einführung von $P_2 = P_{max}$ in Gl. (44d)

$$P_{max} = (K + L) \cdot (1 + p/g). \tag{44f}$$

Die Verzögerung p hat hier ihren größten Wert, der, wie bereits erwähnt, nicht über $2{,}5\,g$ gewählt werden darf.

Durch die Gleichungen (44b), (44e) und (44f) sind sämtliche im Diagramm (Abb. 48) erscheinende P-Werte bekannt, und es erübrigt sich jetzt die Bestimmung des Durchbiegungswertes f. Bezeichnet C die Federkonstante, d. h. die Federkraft in Kilogramm je Längeeinheit, dann besteht die Beziehung

$$C = \frac{P_{max}}{f} = \frac{P_{max} - P_2}{f_3} = \frac{P_2 - P_1}{f_2} = \frac{P_1}{f_1} \tag{45}$$

woraus der gesuchte f-Wert nach Ermittlung von C sich feststellen läßt.

Bei der Berechnung der Federkonstante C gehen wir von dem Prinzip der lebendigen Kraft aus. Während der zweiten Periode hat eine Änderung der lebendigen Kraft stattgefunden, die der auf dem Wege f_2 geleisteten Arbeit gleichkommt, oder analytisch ausgedrückt

$$\frac{\sum M \cdot (v_2^2 - v_1^2)}{2} = -\int\limits_{f_1}^{f_1 + f_2} \sum Q \cdot dx \tag{46a}$$

in diese Gleichung die Wert von Im und In nach der Gleichungs-gruppe (42) ein, dann ergibt sich

$$\frac{\gamma \cdot (K + L) + \lambda_1}{2\,g} \cdot (v_2^2 - v_1^2) = (\gamma\,(K + L) - \lambda_2) \cdot f_2 - \gamma \int\limits_{f_1}^{f_1 + f_2} P \cdot d\,x . \quad (46\,\text{b})$$

Die in dieser Gleichung vorkommende Integrale läßt sich graphisch auswerten. Sie stellt nämlich die Arbeit dar, die von der Feder auf der Strecke f_2 ausgeführt ist. Demgemäß

$$\int\limits_{f_1}^{f_1 + f_2} P \cdot d\,x = \frac{P_1 + P_2}{2} \cdot f_2 .$$

Nach Einsetzen der (P_1)- und (P_2)-Werte nach Gl. (44b) und (44e) läßt sich Gl. (46b) wie folgt schreiben:

$$\frac{v_1^2 - v_2^2}{g} = \frac{\lambda_2}{\lambda_1} \cdot f_2 . \quad (46\,\text{c})$$

Diese Gleichung besagt, daß die Geschwindigkeit v_2 am Ende der zwei-ten Periode von der Belastung $(K + L)$ unabhängig ist.

In ähnlicher Weise lassen sich die Bewegungsvorgänge während der dritten Periode theoretisch behandeln. Man erhält hier

$$\frac{\sum M \cdot (v_3^2 - v_2^2)}{2} = - \int\limits_{f_1 + f_2}^{f} \sum Q \cdot d\,x \quad (47\,\text{a})$$

worin

$$\sum M = \frac{1}{g}\,(K + L)$$

und

$$\sum Q = P - (K + L) .$$

Unter Berücksichtigung, daß $v_3 = 0$ ist, nimmt Gl. (47a) die Form

$$\frac{K + L}{2\,g} \cdot v_2^2 = - (K + L) \cdot f_3 + \int\limits_{f_1 + f_2}^{f} P \cdot d\,x . \quad (47\,\text{b})$$

Wie aus Abb. 48 hervorgeht, hat die Integrale hier den Wert

$$\int\limits_{f_1 + f_2}^{f} P \cdot d\,x = \frac{P_2 + P_{\max}}{2} \cdot f_3 ,$$

worin P_2 und $P_{\max}$ aus den Gl. (44e) und (44f) zu berechnen sind. Aus Gl. (47b) ergibt sich nun

$$\frac{v_2^2}{g} = \left(\frac{\lambda_2}{\lambda_1} + \frac{p}{g} \right) \cdot f_3 . \quad (47\,\text{c})$$

Aus den beiden Gleichungen (46c) und (47c) bekommt man jetzt durch Elimination von v_2 als Wert der Federkonstante

$$C = \frac{g}{(v_1)^2} \cdot \frac{\lambda_1\,(K + L) \cdot (p/g)^2 + \dfrac{1}{\gamma} \cdot (\lambda_2)^2}{\lambda_1} \quad (48)$$

und schließlich aus Gl. (45) die Durchbiegung

$$f = \frac{P_{max}}{C} = \frac{(v_1)^2}{g} \cdot \frac{\lambda_1 (K + L) \cdot (1 + p/g)}{\lambda_1 (K + L) \cdot (p/g)^2 + \frac{1}{\gamma} \cdot (\lambda_2)^2}. \tag{49}$$

Die oben abgeleiteten Formeln lassen sich ebenfalls für die Gegengewichtspuffer verwenden. Es leuchtet ein, daß hier die Feder den größten Anprall auszuhalten hat, wenn die Kabine unbelastet ist, und muß also für diesen Fall berechnet werden. Demgemäß nehmen λ_1 und λ_2 die folgenden Werte an:

$$\lambda_1 = K + S \cdot (\gamma + 1),$$
$$\lambda_2 = K - S \cdot (\gamma - 1).$$

Ferner bekommt man

$$P_{max} = G \cdot (1 + p/g)$$

sowie

$$C = \frac{g}{(v_1)^2} \cdot \frac{\lambda_1 \cdot G \cdot (p/g)^2 + \frac{1}{\gamma} \cdot (\lambda_2)^2}{\lambda_1} \tag{50}$$

und

$$f = \frac{(v_1)^2}{g} \cdot \frac{\lambda_1 \cdot G \cdot (1 + p/g)}{\lambda_1 \cdot G \cdot (p/g)^2 + \frac{1}{\gamma} \cdot (\lambda_2)^2}. \tag{51}$$

Beispiel 12. Es sei für eine obenliegende Maschine mit Seilausgleich (vgl. Abb. 29) die Federkonstante sowie die Durchbiegung des Kabinenpuffers zu berechnen. Dabei dienen nachstehende Daten als Grundlage:

$$K + L = 2500 \text{ kg}$$
$$G = 1800 \text{ kg}$$
$$S = 175 \text{ kg}$$
$$v_1 = 1,5 \text{ m/sek.}$$
$$p = 2 g \text{ m/sek.}^2$$
$$\gamma = 1,8$$

Zunächst ermittelt man nach Gl. (43a) und (43b):

$$\lambda_1 = 1800 + 175 \,(1,8 + 1) = 2290 \text{ kg}$$
$$\lambda_2 = 1800 - 175 \,(1,8 - 1) = 1660 \text{ kg}$$

dann nach Gl. (44b), (44e) und (44f):

$$P_1 = 1580 \text{ kg}, \quad P_2 = 4320 \text{ kg und } P_{max} = 7500 \text{ kg.}$$

Ferner erhält man aus Gl. (48):

die Federkonstante $C = 46500$ kg/m $= 465$ kg/cm

und schließlich aus Gl. (49):

die Durchbiegung $f = 0,163$ m $= 16,3$ cm.

34. Praktische Auswertung der Theorie. Stellen wir für verschiedene Aufzugsanordnungen die für die dynamischen Vorgänge verantwortlichen Massen und Kräfte in gleicher Weise wie in Abb. 51b dar, dann ergeben sich die in die Abb. 52 und 53 eingetragenen Diagramme. Wie ersichtlich, ist der Unterschied zwischen diesen Diagrammen nur durch die Trag- und Ausgleichseile hervorgerufen. Eine Untersuchung, zu welchem Grade das Gewicht dieser Seile das Ergebnis beeinflußt, ist daher von besonderem Interesse, denn würde eine Unterlassung desselben möglich, so wäre ein nicht zu unterschätzender Vorteil erreicht.

Im nachstehenden Beispiel 13 ist dasselbe Problem gelöst, wie im Beispiel 12, jedoch mit dem Unterschied, daß hier das Seilgewicht nicht berücksichtigt wird. Infolgedessen gibt die Gleichungsgruppe (43):

$$\lambda_1 = \lambda_2 = G$$

woraus folgt nach Gl. (44b)

$$P_1 = K + L - G/\gamma$$

und nach Gl. (44e)

$$P_2 = 2(K + L).$$

Vergleicht man den hier erhaltenen Wert der Durchbiegung mit dem in Beispiel 12, dann zeigt sich ein Unterschied von ca. 3,5%. Im allgemeinen hält sich dieser Unterschied binnen Grenzen, die einander so nahe liegen, daß die Vernachlässigung des Gewichts der Trag- und

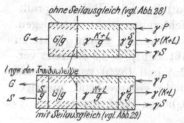 

Abb. 52. Kräfte- und Massensystem einer Aufzugsanlage mit Treibscheibenantrieb (Maschine oben, Aufhängung 1:1).

Abb. 53. Kräfte- und Massensystem einer Aufzugsanlage mit Treibscheibenantrieb (Maschine unten. Aufhängung 1:1).

Ausgleichseile ohne praktische Bedeutung ist. Der kleine Fehler in der Berechnung, der durch diese Weglassung entsteht, beeinflußt in keiner Weise die Federkraft P_{max}; nur die Durchbiegung f bekommt dadurch einen Wert, der etwas kleiner ausfällt, als wäre die Theorie genau befolgt.

Werden also die Faktoren, die Bezug auf das Seilgewicht haben, aus den Gl. (49) und (51) entfernt, dann bekommen wir, gleichgültig ob die Maschine sich oben oder unten befindet, oder ob die Kabinenaufhängung 1:1 oder 2:1 ist, als praktische Grundlage für die Berechnung

1. des Kabinenpuffers: ($\lambda_1 = \lambda_2 = G$)

$$P_{max} = (K + L) \cdot (1 + p/g) \text{ kg} \tag{52a}$$

$$f = \frac{P_{max}}{C} = \frac{(v_1)^2}{g} \cdot \frac{(K + L) \cdot (1 + p/g)}{(K + L) \cdot (p/g)^2 + G/\gamma} \text{ m.} \tag{53a}$$

2. des Gegengewichtspuffers: ($\lambda_1 = \lambda_2 = K$)

$$P_{max} = G \cdot (1 + p/g) \text{ kg} \tag{52b}$$

$$f = \frac{P_{max}}{C} = \frac{(v_1)^2}{g} \cdot \frac{G \cdot (1 + p/g)}{G \cdot (p/g)^2 + K/\gamma} \text{ m.} \tag{53b}$$

Beispiel 13. Um den Einfluß des Seilgewichts auf das Ergebnis zu konstatieren, sei hier die in Beispiel 12 gegebene Aufgabe ohne Berücksichtigung des Seilgewichts gelöst. In diesem Fall ist

$$\lambda_1 = \lambda_2 = G = 1800 \text{ kg}$$

woraus

$$P_1 = 1500 \text{ kg}, \quad P_2 = 5000 \text{ kg} \quad \text{und} \quad P_{max} = 7500 \text{ kg},$$

ferner

$$\text{die Federkonstante } C = 480 \text{ kg/cm.}$$

Schließlich ergibt Gl. (53a)

$$\text{die Durchbiegung } f = 15{,}6 \text{ cm.}$$

Vergleicht man diesen f-Wert mit dem in Beispiel 12, der lautet

$$f = 16{,}3 \text{ cm}$$

dann beträgt der Unterschied ca. 3,5 %, was praktisch genommen, keine Bedeutung hat.

Es ist bereits darauf hingewiesen (Abschnitt 32), daß $p = 2{,}5\,g$ als Höchstwert der Verzögerung zu betrachten ist. Für den Kabinenpuffer muß also dieser Wert nicht überschritten werden, wenn die Kabine mit Mindestlast, d. h. mit einer Person (ca. 75 kg) gegen den Puffer anprallt. Dieser Wert wird auch für den Gegengewichtspuffer nicht überstiegen, um dadurch den schädlichen Einfluß des Rückpralls weitmöglichst zu begrenzen. In den Gl. (52 b) und (53 b) läßt sich $p = 2{,}5\,g$ direkt verwerten, dagegen muß der in den Gl. (52 a) und (52 b) vorkommende p-Wert der maximalen Belastung $(K + L)$ entsprechend niedriger gewählt werden. Man erhält den diesbezüglichen Wert aus dem analytischen Ausdruck der Federkonstante

$$C = \frac{P_{max}}{f} = \frac{g}{(v_1)^2} \cdot ((K + L) \cdot (p/g)^2 + G/\gamma) \,.$$

Dieselbe Feder muß nun die unbelastete Kabine mit einer Höchstverzögerung von $2{,}5\,g$ anhalten, daher als zweiter Ausdruck für die Federkonstante

$$C = \frac{g}{(v_1)^2} \cdot \left(K \cdot \left(\frac{p_{max}}{g} \right)^2 + G/\gamma \right) \,.$$

Aus diesen beiden Gleichungen erhält man

$$p = p_{max} \sqrt{\frac{K}{K + L}} = 2{,}5\,g \sqrt{\frac{K}{K + L}} \,. \tag{54}$$

Die Geschwindigkeit v_1, mit der die Kabine bzw. das Gegengewicht beim Versagen der Grenzschalter gegen den Federpuffer anfährt, liegt zwischen der Betriebsgeschwindigkeit und derjenigen, bei welcher der Geschwindigkeitsregler in Funktion tritt. Da die Auslösegeschwindigkeit gewöhnlich mit ca. 40 % die Betriebsgeschwindigkeit übersteigt, wird der Federpuffer für diesen höheren Wert berechnet, oder

$$v_1 = 1{,}4\,v$$

falls v die Betriebsgeschwindigkeit bezeichnet. Als Grenzwert für v_1 kann jedoch 1,75 bis 2,0 m/sek. betrachtet werden; folglich stellt sich

der obige Prozentsatz etwas kleiner bei den höheren Betriebsgeschwin-
digkeiten.

Es erübrigt sich noch die Besprechung des γ-Wertes. Für die überwiegende Mehrzahl der Treibscheibenaufzüge liegt das Verhältnis S/S der
Spannkräfte unter 2,0, wie aus der gestrichelten Fläche in Abb. 43 hervorgeht. Der Einfluß des γ-Wertes auf das Ergebnis der Gl. (53a) und
(53b) ist jedoch von wenig Bedeutung, und aus dem Grunde empfiehlt
es sich, hier einen konstanten Wert einzuführen. Aus den einschlägigen
Gleichungen ist zu ersehen, daß die Durchbiegung mit wachsendem
γ-Wert zunimmt; kommt also hier der Höchstwert von $\gamma = 2,0$ zur Verwendung, dann ist eine Ausgleichung für das Weglassen des Seilgewichts
einigermaßen getroffen.

35. Dimensionierung der Pufferfeder. Die Berechnung der Pufferfeder erfolgt nach den bekannten Formeln für zylindrische Schrauben-
federn mit kreisförmigem Querschnitte:

$$P = \frac{\pi \cdot d^3}{16} \cdot \frac{k_d}{r} \qquad (55\,\text{a})$$

und

$$f = \frac{4 \cdot n \cdot r^3}{d} \cdot \frac{k_d}{G} . \qquad (55\,\text{b})$$

Hieraus folgt ferner

$$f = \frac{64 \cdot n \cdot r^2}{d^4} \cdot \frac{P}{G} \qquad (56)$$

worin bedeuten

P die Tragfähigkeit der Feder in kg,
d den Durchmesser des Federdrahtes in cm,
f die Durchbiegung in cm,
n die Anzahl der Windungen,
r den mittleren Halbmesser der Feder in cm,
G das Gleitmaß in kg/cm²,
k_d die zulässige Drehungsspannung in kg/cm².

Die Abmessungen der Pufferfeder müssen so gewählt werden, daß
der Schachtgrube keine unnötige Tiefe gegeben wird. Im allgemeinen
wird die Kabine sowie das Gegengewicht mit je zwei Federn versehen,
von denen jede die halbe Belastung P_{max} aufnimmt. Der Normung
wegen ist es außerdem zu empfehlen, daß die Außenabmessungen der
Feder weitmöglichst dieselben sind, da hierdurch die Zahl der zu verwendenden Druck- und Anschlagsplatten (Abb. 13) ein Minimum wird.
Unter Berücksichtigung der bedeutenden Stoßkraft, der die Federpuffer
bei vollbelasteter Kabine und hoher Geschwindigkeit ausgesetzt ist,
empfiehlt es sich hier, guten gehärteten Federstahl mit einer zulässigen
Drehungsspannung von ca. 6500 kg/cm² zu verwenden. Als Gleitmaß
kann

$$G = 7,5 \cdot 10^5 \,\text{kg/cm}^2$$

angenommen werden.

Beispiel 14. Für die Berechnung der Pufferfedern einer Aufzugsanlage mit obenliegender Maschine nach Abb. 29 sind folgende Daten zugrundeliegend:

$$
\begin{aligned}
\text{Nutzlast} & \ldots \ldots \ldots \ldots & L &= 1200 \text{ kg,}\\
\text{Kabinengewicht} & \ldots \ldots \ldots & K &= 1420 \text{ kg,}\\
\text{Gegengewicht} & \ldots \ldots \ldots & G &= 1900 \text{ kg,}\\
\text{Hubgeschwindigkeit} & \ldots \ldots & v &= 1{,}25 \text{ m/sek.,}\\
\text{Auslösegeschwindigkeit} & \ldots \ldots & v_1 &= 1{,}4 \, v \text{ m/sek.,}\\
\text{Treibfähigkeitsfaktor} & \ldots \ldots & \gamma &= 2{,}0
\end{aligned}
$$

Demgemäß erhält man
für den Kabinenpuffer
nach Gl. (54):
$$p = 1{,}84 \cdot g,$$
nach Gl. (52a):
$$P_{\max} = 2620 \times 2{,}84 \cong 7500 \text{ kg,}$$
nach Gl. (53a):
$$f = 23{,}8 \text{ cm}$$
und für den Gegengewichtspuffer
$$(p = 2{,}5 \text{ g}),$$
nach Gl. (52b):
$$P_{\max} = 1900 \times 3{,}5 = 6650 \text{ kg,}$$
nach Gl. (53b):
$$f = 16{,}5 \text{ cm}.$$

Wählen wir für jeden Puffer zwei Federn, dann kommt auf jede Feder nur die halbe Belastung $= P_{\max}/2$; ferner, versuchen wir zunächst mit einem Wert von $r = 8{,}0$ cm, dann ergibt Gl. (55a) für $k_d = 6500$ kg/cm^2
für den Kabinenpuffer
$$d = 2{,}86 \cong 2{,}9 \text{ cm,}$$
woraus nach Gl. (56) die erforderliche Windungszahl
$$n = 10{,}25,$$
ferner für den Gegengewichtspuffer
$$d = 2{,}74 \cong 2{,}8 \text{ cm,}$$
woraus nach Gl. (56)
$$n = 7{,}0.$$

Zu der durch die Berechnung erhaltenen Windungszahl, die $10^1/_4$ bzw. 7 beträgt, kommen noch zwei Endwindungen hinzu. Demzufolge ist die Höhe der zusammengedrückten Feder
$$(n + 2) \cdot d = 12^1/_4 \times 2{,}9 = 35{,}5 \text{ cm bzw. } 9 \times 2{,}8 = 25{,}2 \text{ cm,}$$
Hieraus folgt die Gesamthöhe der unbelasteten Feder
$$(n + 2) \cdot d + f = \begin{cases} 59{,}3 \text{ cm für den Kabinenpuffer,} \\ 41{,}7 \text{ cm für den Gegengewichtspuffer.} \end{cases}$$

Auf Grund der vielen Veränderlichen, die in den Dimensionierungsformeln (55a), (55b) und (56) enthalten sind, ist deren Handhabung ziemlich schwierig, und es fehlt einem die Übersicht, die für die Wahl der Veränderlichen manchmal wertvoll ist. Daher empfiehlt sich hier ganz besonders die Verwendung einer nomographischen Darstellung, und da es in diesem Fall möglich ist, sämtliche Gleichungen in einem geschlossenen Bild (Abb. 54) aufzuzeichnen, steigt der Wert dieses Nomogrammes um ein bedeutendes. Der nomographische Aufbau ist im Anhang eingehend behandelt; und die Verwendung des Nomogrammes weicht in keiner Weise von der der vorher besprochenen ab.

In dieses Nomogramm ist das obige Beispiel 14 eingetragen. Die Punkte A, B, C und D beziehen sich auf den Kabinenpuffer, die Punkte A', B', C' und D' auf den Gegengewichtspuffer. Die Lage von A wird ausschließlich aus dem Wert der Federbelastung $P = P_{max}/2 = 3750$ kg und der Drehungsspannung $k_d = 6500$ kg/cm² bestimmt. Durch die in die rechte Netzskala (auch Paarleiter genannt) eingetragenen punktierten Kurven sind Belastungsflächen für $P = 1000, 2000, 3000$ usw. unter Zugrundelegung dieses k_d-Wertes abgegrenzt, und der A-Punkt

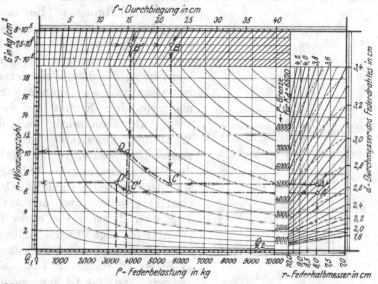

Abb. 54. Netztafel nach Gl. (56) zur Ermittlung der Abmessungen von Pufferfedern.

muß sich innerhalb der einschlägigen Fläche befinden. In dem vorliegenden Fall liegt er etwas oberhalb der $P = 3750$-Grenzlinie, die man mit hinreichender Genauigkeit nach Augenmaß interpolieren kann. Außerdem liegt er auf der senkrechten Scharlinie $r = 8{,}0$ cm, welcher Wert in dem Beispiel angenommen wurde. Durch diese Lage ist nun der Durchmesser des Federdrahtes gegeben, oder $d = 2{,}9$ cm.

Demnächst kommt Punkt B in Betracht, der das Wertepaar $f = 23{,}8$ cm und $G = 7{,}5 \cdot 10^5$ kg/cm² definiert. Die Senkrechte durch diesen Punkt bildet mit der Wagerechte durch A den Schnittpunkt C. Die Rechenlinie hierdurch schneidet wiederum die Senkrechte $P = 3750$ kg in D, von wo $n = 10{,}25$ abzulesen ist. In gleicher Weise erhält man durch die Schnittpunkte A', B', C' und D' die Antwort $n = 7$ für den Gegengewichtspuffer.

B. Berechnung der Ölpuffer.

36. Die Abstufung der Ausflußöffnungen des Kabinenpuffers (die Gradierung). Die Funktion des Ölpuffers ist durch zwei bestimmte Bewegungsvorgänge charakterisiert. Während des ersten Vorgangs erfolgt die Durchbiegung der Feder e, der sog. Beschleunigungsfeder (Abb. 14), die bezweckt, daß der Kolben allmählich und ohne Stoß die Geschwindigkeit der Kabine erreicht. In dieser Zeit erfährt der Kolben keinen Widerstand, da das Öl eine freie Passage durch die größeren Öffnungen g hat. Erst während der zweiten Periode tritt die Verzögerung auf, deren Wert durch die Abstufung, Anzahl und Größe der Ausflußöffnungen (die Gradierung) festgelegt ist. Im allgemeinen wird der Ölpuffer für die größte Last und für eine konstante Verzögerung konstruiert, die dem Wert der Erdbeschleunigung gleichkommt. Sieht man von dem Einfluß des Seilgewichts ab, dann wird durch diese Wahl dem abwärtsfahrenden Aufzugskörper, wie z. B. der Kabine, dieselbe Verzögerung $g = 9,81$ m/sek.[2] wie dem aufwärtsfahrenden Gegengewicht gegeben, und der Auslaufweg wird derselbe für beide Teile.

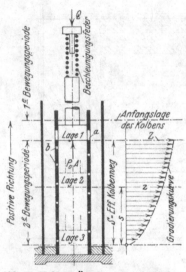

Abb. 55. Kabinen-Ölpuffer in schematischer Darstellung.

Abb. 55 zeigt uns die Kolbenlage am Anfang der zweiten Periode. Die größeren Öffnungen a sind soeben passiert, und das Öl kann nunmehr nur durch die kleineren Öffnungen b in das äußere Gehäuse gelangen. Diese sind so zu bemessen, daß ein Öldruck im Zylinder entsteht, der sich der Abwärtsbewegung des Kolbens entgegensetzt. Bezeichnet Z die Anzahl sämtlicher Ausflußöffnungen, die sich auf der Zylinderstrecke S befinden, dann lassen sich für jede Kolbenlage die für den Ölausfluß zur Verfügung stehenden Öffnungen durch eine sog. Abstufungs- oder Gradierungskurve darstellen. So besagt z. B. das in Abb. 55 eingetragene Diagramm, daß die Öffnungszahl auf der Strecke s, wenn der Kolben sich in der Lage 2 befindet, gleich z ist. In der Endstellung 3 geht die Kurve durch den Anfangspunkt 0 des Bezugssystems.

Die nachstehenden Formeln, die sich auf die Gradierung des Kabinenpuffers beziehen, sind unter den folgenden Voraussetzungen abgeleitet:

1. die während der ersten Periode auftretende Geschwindigkeits-

verminderung ist so unbedeutend, daß die Anfangsgeschwindigkeit der zweiten Periode gleich v_0 m/sek., d. h. gleich der der anfahrenden Kabine, gesetzt werden kann;

2. das Gewicht des Kolbens ist durch die Feder d (Abb. 14) ausgeglichen, und dessen Masse ist im Vergleich mit der der Kabine zu klein, um berücksichtigt zu werden;

3. die Leckage zwischen Kolben und Zylinder kann vernachlässigt werden.

Ist Q die Pufferbelastung in kg,

$\quad p$ die Verzögerung während der zweiten Periode,

$\quad v_0$ die Geschwindigkeit in m/sek. am Anfang der zweiten Periode, der Zeit t_0 entsprechend,

$\quad v$ die Geschwindigkeit zu irgendeiner Zeit t während der zweiten Periode,

$\quad P_0$ der Öldruck in kg/qcm zur Zeit t_0,

$\quad P$ der Öldruck in kg/qcm zur Zeit t,

$\quad Z$ die Gesamtzahl der Ausflußöffnungen, d. h. die Anzahl von Öffnungen, durch welche das Öl zur Zeit t_0 fließt,

$\quad z$ die Anzahl von Öffnungen, durch welche das Öl zur Zeit t fließt,

$\quad A$ die Kolbenfläche in qcm,

$\quad a$ die Größe einer Ausflußöffnung in qcm,

$\quad S$ der Kolbenweg in m während der zweiten Periode, d. h. der effektive Kolbenweg,

$\quad s$ der restierende Kolbenweg in m zur Zeit t,

$\quad c$ der Ausflußkoeffizient (der für eine bestimmte Ausflußgeschwindigkeit erforderliche Öldruck in kg/qcm ist gleich $c \cdot$ (Geschwindigkeit)^2),

so ist zu irgendeiner Zeit t während der zweiten Bewegungsperiode die Ausflußgeschwindigkeit $= \dfrac{A \cdot v}{a \cdot z}$ m/sek. und der dieser Geschwindigkeit entsprechende Öldruck

$$P = c \cdot \left(\frac{A \cdot v}{a \cdot z}\right)^2 \text{ kg/qcm}. \tag{57a}$$

In gleicher Weise erhält man zur Zeit t_0

$$P_0 = c \cdot \left(\frac{A \cdot v_0}{a \cdot Z}\right)^2 \text{ kg/qcm}. \tag{57b}$$

Nehmen wir nun an, daß die Verzögerung während der zweiten Bewegungsperiode konstant zu halten ist, dann muß der auf den Kolben wirkende hydraulische Druck konstant sein, und wir erhalten

$$P_0 \cdot A = P \cdot A \quad \text{und daher} \quad P_0 = P$$

oder

$$c \cdot \left(\frac{A \cdot v_0}{a \cdot Z}\right)^2 = c \cdot \left(\frac{A \cdot v}{a \cdot z}\right)^2$$

und

$$\frac{v_0}{Z} = \frac{v}{z}. \tag{58}$$

Nun ist für eine Bewegung mit der gleichförmigen Verzögerung p

$$v_0 = \sqrt{2 \cdot p \cdot S} \tag{59a}$$

und
$$v = \sqrt{2 \cdot p \cdot s} \qquad (59\,\mathrm{b})$$

daher nach Gl. (58)
$$z^2 = Z^2 \cdot \frac{s}{S} \qquad (60)$$

woraus zu ersehen ist, daß die Gradierungskurve (Abb. 55) bei konstanter Verzögerung eine Parabel ist.

Zuletzt gibt uns das dynamische Grundgesetz die Beziehung

$$P_0 \cdot A - Q = P \cdot A - Q = \frac{Q}{g} \cdot p$$

oder

$$P_0 = P = \frac{Q}{A} \cdot \left(1 + \frac{p}{g}\right). \qquad (61)$$

Wie bereits erwähnt, ist es üblich, den Ölpuffer für eine Verzögerung $= g\,\mathrm{m/sek.^2}$ zu konstruieren. Demgemäß ist $p = g$, und wir erhalten für die Berechnung des Kabinenpuffers die folgenden Grundformeln:

$$
\left.
\begin{array}{llll}
\text{nach Gl. (59a):} & S = \dfrac{v_0^2}{2 \cdot g} & \mathrm{m} \\[2ex]
\text{nach Gl. (61):} & P_0 = P = \dfrac{2 \cdot Q}{A} & \mathrm{kg/qcm} \\[2ex]
\text{nach Gl. (57b):} & Z^2 = c \cdot \left(\dfrac{A}{a}\right)^2 \cdot \dfrac{v_0^2}{P_0} \\[2ex]
\text{nach Gl. (60):} & s = S \cdot \left(\dfrac{z}{Z}\right)^2 & \mathrm{m}
\end{array}
\right\} \qquad (62)
$$

Der in der dritten Gleichung dieser Gruppe enthaltene Ausdruck $c \cdot \left(\frac{A}{a}\right)^2$, der von der Beschaffenheit des Öles sowie von der Größe der Ausflußöffnungen abhängig ist, wird auf experimentalem Wege festgestellt. Wie bei den Federpuffern kommt ebenfalls hier als Anfangsgeschwindigkeit diejenige in Betracht, für die der Regulator eingestellt ist

Beispiel 15. Es sei die Gradierung eines Ölpuffers für eine konstante Verzögerung $= g\,\mathrm{m/sek.^2}$ festzulegen. Das Gesamtgewicht der Kabine und Last beträgt 2750 kg, und die Auslösegeschwindigkeit ist 3,25 m/sek. Der Kolbendurchmesser ist 11 cm, daher $A = 95$ qcm, und die Ausflußöffnungen sind 4,5 mm im Durchmesser. Als Öl kommt gereinigtes Petroleum in Betracht, und $c \cdot \left(\frac{A}{a}\right)^2$ kann gleich 3500 gesetzt werden; der Ausflußkoeffizient c hat nämlich hier einen Wert von ca. 0,01. Auf Grund der Reibung kommt auf den Puffer nur eine Belastung, die etwa $95\,\%$ des Gesamtgewichtes der Kabine und Last ausmacht; daher
$$Q = 0,95 \cdot 2750 = 2600\,\mathrm{kg}.$$

Nach der Gleichungsgruppe (62) berechnet sich nun:

der effektive Kolbenweg: $\qquad S = \dfrac{(3,25)^2}{2 \cdot 9,81} = 54\,\mathrm{cm},$

der Oeldruck: $\qquad P_0 = P = \dfrac{2 \cdot 2600}{95} = 55\,\mathrm{kg/qcm},$

die Anzahl der Ausflußöffn.: $\quad Z = \sqrt{3500 \cdot \dfrac{(3,25)^2}{55}} = 26,$

die Gradierung: $\qquad\qquad s = \dfrac{54}{(26)^2} \cdot z^2 = \dfrac{1}{12,5} \cdot z^2$ cm.

Die letzterwähnte Gleichung liefert die folgenden Daten für die Gradierung, wie sie in Abb. 56 dargestellt ist:

$z =$	1	2	3	4	5	6	7	8	9
$s =$	0,08	0,32	0,72	1,28	2,0	2,88	3,92	5,12	6,48
$z =$	10	11	12	13	14	15	16	17	18
$s =$	8,0	9,7	11,5	13,5	15,7	18,0	20,5	23,1	25,9
$z =$	19	20	21	22	23	24	25	26	
$s =$	28,9	32,0	35,3	38,7	42,3	46,1	50,0	54,0 cm	

Die Gradierung wird vermittelst einer Bohrlehre aus dünnem Stahlblech ausgeführt, die bei der Arbeit um den Zylinder gewickelt wird. Die linke Skizze in Abb. 56 zeigt uns eine derartige Bohrlehre, welche sämtliche für die Gradierung erforderlichen Löcher enthält. Diese können verschiedentlich angeordnet werden, die Hauptsache dabei ist jedoch, daß das in obiger Tabelle gegebene Maß s von der Grundlinie genau innegehalten wird. Der seitliche Abstand kann beliebig gewählt werden — im vorliegenden Fall sind die Löcher in sieben Vertikalreihen angeordnet.

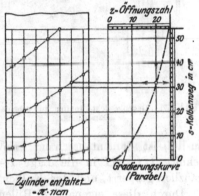

Abb. 56. Gradierung eines Kabinen-Ölpuffers (vgl. Beispiel 15).

37. Die Abstufung der Ausflußöffnungen des Gegengewichtspuffers (die Gradierung). Im Gegensatz zu dem Kabinenpuffer bestehen hier die Ausflußöffnungen aus Vertikalrillen, die in den Kolben eingefräst sind (Abb. 15). Durch diese Rillen ist eine Verbindung zwischen Zylinder a und Behälter d hergestellt, durch welche das Öl beim Anprall aus dem Zylinder fließt. Die gewünschte Verzögerung erhält man durch eine Querschnittsverminderung der Rillen, die in gesteigertem Maße hemmend auf den Ölausfluß wirkt.

Es sei hier noch einer anderen Konstruktion[1]) Erwähnung getan, welche ebenfalls aus Vertikalrillen besteht, die jedoch bei konstanter Breite und Tiefe verschiedene Längen aufweisen (Abb. 57). Im Vergleich mit der obigen Konstruktion ist die hier zu verwendende Rillen-

---

[1]) Diese Konstruktion stammt von F. Hymans, New York.

zahl bedeutend höher, und erleichtert sich dadurch die parabolische Gradierung ganz wesentlich. Auch bietet uns die höhere Rillenzahl den Vorteil, daß das Öl durch die hier auftretende größere Adhäsion mit den Rillenflächen von einem Herausschleudern in weitmöglichstem Maß verhindert wird. Im folgenden wird nur die letzterwähnte Konstruktion berücksichtigt.

Einen Begriff von der diesbezüglichen Rillenkonstruktion liefern die in Abb. 57 eingetragenen Kolbenquerschnitte, von denen $I — I$ die volle Rillenzahl enthält.

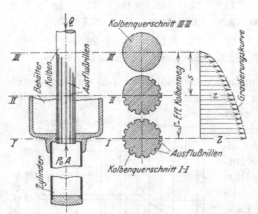

Daher bietet auch die eingezeichnete Kolbenlage dem Öl die größte Ausflußmöglichkeit. Je tiefer der Kolben in den Zylinder eindringt, desto geringer wird die Rillenzahl, und der Ausfluß wird mehr und mehr gehemmt. Wenn z. B. der Kolbenquerschnitt $II—II$ die Lage $I—I$ einnimmt, dann ist die Rillenzahl fast auf die Hälfte heruntergegangen, und der Widerstand gegen den Öl-

Abb. 57.   Gegengewicht-Ölpuffer in schematischer Darstellung.

ausfluß ist dementsprechend erhöht. Wenn zum Schluß der Querschnitt $III—III$ in die Lage $I—I$ kommt, dann ist der Ölausfluß gänzlich gesperrt, und der Kolben wird zum Stillstand gebracht.

Durch diese eigenartige Rillenkonstruktion ist die dem Öldruck ausgesetzte Kolbenfläche einer Veränderung insofern unterworfen, daß sie mit dem Eindringen des Kolbens in den Zylinder stetig zunimmt. Bezeichnet

A die Kolbenfläche in qcm im Querschnitt $III—III$,
a den Querschnitt einer Rille in qcm,
Z die Rillenzahl im Querschnitt $I — I$,
z die Rillenzahl im Querschnitt $II — II$,

dann ist die effektive Kolbenfläche im Querschnitt $I—I$ gleich $A — Z \cdot a$ und im Querschnitt $II—II$ gleich $A — z \cdot a$. Dieser Flächenunterschied ist doch ziemlich unbedeutend, da die Werte von $z \cdot a$ für verschiedene Querschnitte nur etwa 3 bis 6,5% von der Fläche A sind. In der Praxis läßt sich daher die Parabelgradierung verwenden, und demzufolge hat die Gleichungsgruppe (62) hier ebenfalls Gültigkeit. Dabei ist nur zu bemerken, daß hier mit einer effektiven Kolbenfläche gleich $A — \frac{2}{3} \cdot Z \cdot a$ zu rechnen ist, die der parabolischen Gradierung entspricht; die Durchschnittszahl der Rillen ist nämlich gleich $\frac{2}{3} \cdot Z$. Demgemäß kommen für den Gegengewichtspuffer die erste und die letzte Gleichung ohne Änderung in Betracht, die beiden anderen dagegen lauten wie folgt:

$$P_0 = P = \frac{2 \cdot Q}{A - {}^2/_3 \cdot Z \cdot a} \tag{63}$$

und
$$Z^2 = c \cdot \frac{v_0^2}{P_0} \cdot \left(\frac{A - {}^2/_3 \cdot Z \cdot a}{a} \right)^2. \tag{64}$$

Aus diesen beiden Gleichungen erhält man durch Elimination von P_0

$$Z^2 \cdot a^2 = c \cdot \frac{v_0^2}{2 \cdot Q} \cdot (A - {}^2/_3 \cdot Z \cdot a)^3$$

woraus unter Vernachlässigung von höheren Potenzen von $Z \cdot a$

$$Z^2 \cdot a^2 = c \cdot \frac{v_0^2}{2 \cdot Q} \cdot (A^3 - 2 \cdot A^2 \cdot Z \cdot a).$$

Die Lösung dieser Gleichung ergibt

$$Z \cdot a = - c \cdot \frac{v_0^2}{2 \cdot Q} \cdot A^2 + \sqrt{c \cdot \frac{v_0^2}{2 \cdot Q} \cdot A^3 + \left(c \cdot \frac{v_0^2}{2 \cdot Q} \cdot A^2 \right)^2}$$

oder, da das zweite Glied im Vergleich mit dem ersten Glied unter der Wurzel sehr klein ist,

$$Z \cdot a = - c \cdot \frac{v_0^2}{2 \cdot Q} \cdot A^2 + \sqrt{c \cdot \frac{v_0^2}{2 \cdot Q} \cdot A^2}. \tag{65}$$

Zusammengefaßt lauten die für die Berechnung des Gegengewichtpuffers in Betracht kommenden Formeln:

nach Gruppe (62):
$$\left. \begin{cases} S = \dfrac{v_0^2}{2 \cdot g} \ \text{m} \\ s = S \cdot \left(\dfrac{z}{Z} \right)^2 \text{m} \end{cases} \right.$$

Gleichung (65): $\quad Z \cdot a = - c \cdot \dfrac{v_0^2}{2 \cdot Q} A^2 + \sqrt{c \cdot \dfrac{v_0^2}{2 \cdot Q} A^3}$

Gleichung (63): $\quad P_0 = P = \dfrac{2 \cdot Q}{A - {}^2/_3 \cdot Z \cdot a}$ kg/qcm

sowie für die Rillenlänge

$$L = S - s = S \cdot \left(1 - \left(\frac{z}{Z} \right)^2 \right) \text{m} \tag{66}$$

die vom Querschnitt $I-I$ (Abb. 57) zu rechnen ist.

Beispiel 16. Es sei für die im vorigen Beispiel behandelte Aufzugsanlage die grundlegenden Berechnungen für den Gegengewichtspuffer auszuführen. Dabei ist

die Nutzlast . . . . . 1250 kg
das Kabinengewicht . . . 1500 „
das Gegengewicht . . . . 2000 „
die Geschwindigkeit v_0 . . 3,25 m/sek.

Wird ein Kolben von 10 cm Durchmesser, ferner $0{,}5 \cdot 0{,}5$ qcm Rillen gewählt, dann ist

$$A = 78{,}5 \text{ qcm} \quad \text{und} \quad a = 0{,}25 \text{ qcm}.$$

Für den Ausflußkoeffizienten kann derselbe Wert wie im Beispiel 15 benutzt werden, daher $c = 0,01$.

Wie bereits in Abschnitt 7 erwähnt, ist der Puffer direkt am Gegengewicht befestigt, und sein Gewicht kommt deshalb dem Gegengewicht zugute. Daher schließen die oben angegebenen 2000 kg nicht nur das eigentliche Gegengewicht, sondern auch das Gewicht des Puffers in sich ein. Infolgedessen wird beim Anprall die Pufferbelastung um das Gewicht der zum Stillstand gebrachten Teile des Puffers, d. h. des Zylinders a sowie der mit dem Behälter d (Abb. 15) zusammengehörigen Konstruk-

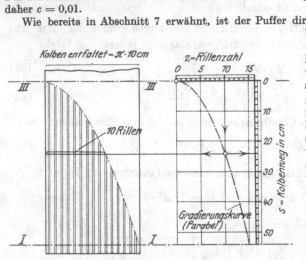

Abb. 58.   Gradierung eines Gegengewicht-Ölpuffers (vgl. Beispiel 16).

tionselemente verringert. Schätzen wir das Gewicht dieser Teile auf 225 kg, dann ist die Pufferbelastung unter Berücksichtigung der Reibung

$$Q = 0,95 \cdot (2000 - 225) = 1685 \text{ kg}.$$

Aus der Gleichungsgruppe (66) ergibt sich nun:

der effektive Kolbenweg: $S = 54$ cm,
die Rillenzahl: . . . . $Z = 15$,
der Öldruck: . . . . $P_0 = P = 44,5$ kg/qcm.

Ferner erhält man für die Berechnung der Rillenlängen

$$L = 54 \cdot \left(1 - \frac{z^2}{225}\right) \text{ cm},$$

aus welcher Gleichung die folgenden zusammengehörigen Werte entstehen:

Rillennummer:	1	2	3	4	5	6
Rillenlänge:	53,76	53,04	51,84	50,16	48,00	45,35 cm
7	8	9	10	11	12	13	14	15
42,25	38,65	34,55	30,0	25,0	19,4	13,4	6,8	0 cm

Diese Werte sind zeichnerisch in Abb. 58 aufgetragen, welches Bild die diesbezügliche Rillengradierung zeigt.

38. Grundgleichungen für Druck- und Geschwindigkeitsdiagramme des Kabinenpuffers. Der Ableitung der Grundgleichungen, wie sie in den Gleichungsgruppen (62) und (66) zum Ausdruck kommen, liegen bestimmte Werte der Pufferbelastung Q und der Anfangsgeschwindigkeit v_0 zugrunde, und nur unter diesen Annahmen erhält man eine konstante Verzögerung. Für eine Aufzugsanlage ändern sich jedoch diese Werte ganz bedeutend, und es ist fraglich, ob ein Ölpuffer jemals unter genau den gleichen Belastungs- und Geschwindigkeitsverhältnissen, für die er berechnet ist, in Funktion tritt. In dieser Hinsicht ist der Kabinenpuffer größeren Variationen ausgesetzt als der Gegengewichtspuffer, da für den letzteren wenigstens die Belastung stets dieselbe ist.

Es liegt klar auf der Hand, daß sich hier ein Feld für eine eingehende theoretische Behandlung eröffnet, die darauf zielt, die Vorgänge zu klären, die durch die Verwendung eines Ölpuffers für beliebige Belastungen und Geschwindigkeiten entstehen.

Denken wir uns zunächst, daß ein Ölpuffer, der für die Belastung Q, die gleichförmige Verzögerung g und die Anfangsgeschwindigkeit v_0 gradiert ist, mit Q' und Q'', von denen $Q' < Q < Q''$ ist, unter den gleichen Geschwindigkeitsverhältnissen belastet wird, dann erreicht der Öldruck in allen drei Fällen zu Anfang denselben Wert P_0. Gleichung (57b) besagt nämlich, daß für gegebene Werte von A, a und Z der Anfangsdruck P_0 nur von der Anfangsgeschwindigkeit v_0 abhängig ist. Bei fortgesetzter Abwärtsbewegung des Kolbens hält sich dieser Druck konstant nur für die Belastung Q, weil die Verzögerung hier konstant ist. Dagegen ändert sich der Öldruck für die beiden Belastungen Q' und Q'' und zwar so, daß er für die kleinere Belastung Q' sinkt und für die größere Belastung Q'' steigt. Daß so der Fall ist, geht deutlich aus dem Gesetz hervor, welches besagt, daß die

Arbeitsleistung des Öldruckes
= Arbeitsleistung der Last + Kinetische Energie der Last.

Graphisch läßt sich das Ergebnis darstellen, wie Abb. 59 zeigt. Werte des Öldruckes sind hier als Ordinaten und Werte des effektiven Kolbenweges als Abszissen eingetragen. Sämtliche Druckkurven gehen von dem gemeinsamen Punkt A aus, dessen Lage durch die Anfangsgeschwindigkeit v_0 gegeben ist. Der weitere Verlauf der Kurven richtet sich nach der Belastung, und am Ende des Kolbenweges sind die durch B, C und D gegebenen Werte des Öldruckes erreicht. Nur für die Belastung Q ist die Druckkurve eine Gerade.

In ähnlicher Weise wie

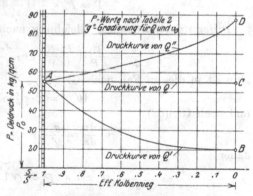

Abb. 59. Druckdiagramm der Belastungen $Q' < Q < Q''$ für Anfangsgeschwindigkeit $v_0 = 3{,}25$ m/sek.

hier erreicht die Verzögerung ihren Höchstwert am Anfang des Kolbenweges, d. h. im Punkt A. Die Durchschnittsverzögerung bleibt jedoch
für sämtliche Belastungen die gleiche, weil die Anfangsgeschwindigkeit
dieselbe ist. Bezeichnet nämlich p_d die Durchschnittsverzögerung in
m/sek.^{2}, dann folgt aus der Beziehung

$$p = \frac{dv}{dt} = v \cdot \frac{dv}{ds} \, ,$$

$$p_d = \frac{1}{S} \int p \cdot ds = \frac{1}{S} \int_0^{v_0} v \cdot dv = \frac{v_0{}^2}{2 \cdot S} \, . \tag{67}$$

Um das Vorhergesagte analytisch zu begründen, sei hier der Fall be-
handelt, da der für die Last Q und Anfangsgeschwindigkeit v_0 gradierte
Ölpuffer von der Last Q' mit der Geschwindigkeit v_0' getroffen wird.
Von dem dynamischen Grundgesetz ausgehend, hat man in diesem
Fall laut Abb. 55

$$P \cdot A - Q' = \frac{Q'}{g} \cdot \frac{d^2 s}{dt^2} = \frac{Q'}{g} \cdot v \cdot \frac{dv}{ds} \tag{68}$$

worin $P \cdot A$ den hydraulischen Druck und v die Geschwindigkeit zur
Zeit t bedeutet. Ferner ist zu gleicher Zeit nach Gl. (57 a)

$$P = c \cdot \left(\frac{Av}{az} \right)^2$$

und zur Zeit t_0 nach Gl. (57 b)

$$P_0' = c \cdot \left(\frac{A \cdot v_0'}{a \cdot Z} \right)^2 \tag{69}$$

woraus unter gleichzeitiger Bezugnahme auf Gl. (60)

$$P = P_0' \cdot \frac{S}{s} \cdot \left(\frac{v}{v_0'} \right)^2. \tag{70}$$

Differenziert man diese Gleichung nach s, so entsteht

$$\frac{s}{ds} = \frac{1}{dP} \cdot \left(\frac{P_0' \cdot S}{(v_0')^2} \cdot 2v \cdot \frac{dv}{ds} - P \right).$$

Nun ist in diesem Fall nach Gl. (67)

$$(v_0')^2 = 2 \cdot p_d' \cdot S \tag{71}$$

und nach Gl. (68)

$$v \cdot \frac{dv}{ds} = \frac{g}{Q'} \cdot (P \cdot A - Q')$$

daher

$$\frac{s}{ds} = \frac{1}{Q' \cdot dP} \cdot \left(\left(\frac{g}{p_d'} \cdot A \cdot P_0' - Q' \right) \cdot P - \frac{g}{p_d'} \cdot Q' \cdot P_0' \right).$$

Schreibt man der besseren Übersicht wegen

dann lautet die obige Gleichung

$$\frac{ds}{s} = \frac{Q' \cdot dP}{m \cdot P - n}.$$

Integriert man hier zwischen den Grenzen

$$\int_{S}^{s} \frac{ds}{s} = Q' \cdot \int_{P_0'}^{P} \frac{dP}{m \cdot P - n}$$

so erhält man

$$\log \frac{s}{S} = \frac{Q'}{m} \cdot \log \frac{m \cdot P - n}{m \cdot P_0' - n}. \tag{73}$$

Aus dieser Gleichung läßt sich für beliebige Werte von s der entsprechende Öldruck P für die Belastung Q' und die Anfangsgeschwindigkeit v_0' berechnen, nachdem man den Wert P_0' aus Gl. (69) und p_d' aus Gl. (71) ermittelt hat. Führt man die gleiche Berechnung für andere Belastungen Q und Q'' aus, und ist $Q' < Q < Q''$, dann erhält man für die Geschwindigkeit v_0' die in Abb. 60 aufgetragenen Druckkurven. Um einen Vergleich zwischen Abb. 59 und 60 zu ermöglichen, ist hier angenommen, daß die Belastungen Q', Q und Q'' in beiden Fällen dieselben sind, ferner, daß $v_0' < v_0$, daher $P_0' < P_0$. Es ist hier besonders zu bemerken, daß die Druckkurve der Belastung Q in Abb. 60 nicht geradlinig wie in Abb. 59 verläuft.

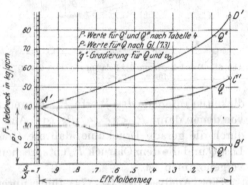

Abb. 60. Druckdiagramm der Belastungen $Q' < Q < Q''$ für Anfangsgeschwindigkeit $v_0' = 2{,}75$ m/sek.

Aus Gl. (73) läßt sich ebenfalls der Enddruck P_s' ermitteln. Unter Hinweis auf Abb. 55 ist am Ende des Kolbenweges $s = 0$, daher

$$m \cdot P - n = 0$$

oder für $P_s' = P$

$$P_s' = \frac{n}{m} = \frac{g \cdot Q'}{g \cdot A - Q' \cdot \dfrac{p_d'}{P_0'}}. \tag{74}$$

Die hier vorkommende Beziehung p_d'/P_0' ist für einen gegebenen Ölpuffer konstant und von der Anfangsgeschwindigkeit gänzlich unabhängig. Aus den Gleichungen (69) und (71) ergibt sich nämlich

$$\frac{p_d'}{P_0'} = \frac{(v_0')^2}{2S} \cdot \frac{(a \cdot Z)^2}{c \cdot (A \cdot v_0')^2} = \frac{1}{2 \cdot c \cdot S} \cdot \left(\frac{a \cdot Z}{A} \right)^2 = \text{konst.}$$

Demgemäß besagt Gl. (74), daß der Öldruck am Ende des Kolbenweges für die gleiche Last stets dieselbe ist und ist also
von der Anfangsgeschwindigkeit gänzlich unabhängig.
Graphisch kommt dieses dadurch zum Ausdruck, daß die Punkte B',

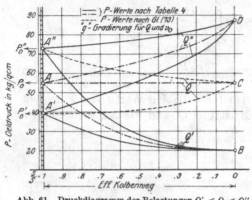

C' und D' (Abb. 60) mit den
Punkten B, C und D (Abb.
59) zusammenfallen. Um
diese Eigenheit, die nur den
Ölpuffer mit parabolischer
Gradierung charakterisiert,
noch deutlicher hervorzu-
heben, ist in Abb. 61 der Fall
eingetragen, da die Bela-
stungen Q', Q und Q'' gegen
denselben Ölpuffer mit drei
verschiedenen Anfangsge-
schwindigkeiten v_0', v_0 und v_0''
anprallen, von denen $v_0' < v_0$

Abb. 61. Druckdiagramm der Belastungen $Q' < Q < Q''$
für $v_0' < v_0 < v_0''$.

$< v_0''$ ist. Diese Geschwin-
digkeiten rufen die drei Werte P_0', P_o und P_0'' des Anfangdruckes hervor,
von denen dann $P_0' < P_o < P_0''$ ist. Aus dem Bild erkennt man sofort
durch die gerade Drucklinie, daß die Gradierung des Ölpuffers für die
Last Q und die dem Öldruck P_0 entsprechende Anfangsgeschwindigkeit v_0
vorgenommen ist.

Eine Analyse der Gl. (74) führt unter anderem auch zu dem folgenden Ergebnis. Für $P_S' = P_0'$, d. h. für den Fall, daß der Öldruck am

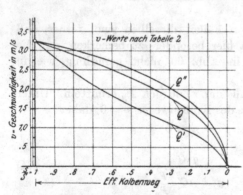

Ende des Kolbenweges dem
Anfangsdruck gleichkommt,
dann ist

$$P_0' = \frac{g \cdot Q'}{g \cdot A - Q' \cdot \dfrac{p_d'}{P_0'}}$$

oder

$$P_0' = \frac{Q'}{A} \cdot \left(1 + \frac{p_d'}{g}\right) . \quad (75)$$

Durch ihre Identität mit Gl. (61)
besagt diese Gleichung, daß P_S'
nur in dem Fall gleich P_0' sein
kann, wenn die Gradierung der

Abb. 62. Weg-Geschwindigkeit-Diagramm für Belastungen $Q' < Q < Q''$.

Ölpuffer den Werten Q' und v_0'
angepaßt ist.

Mit Kenntnis der jedem s-Wert entsprechenden P-Werte, wie sie
aus Gl. (73) zu ermitteln sind, lassen sich nun aus Gl. (70) die dazu-

gehörigen v-Werte berechnen. Aufgelöst nach v lautet diese Gleichung:

$$v = v_0' \cdot \sqrt{\frac{P}{P_0'} \cdot \frac{s}{S}}. \qquad (76)$$

Trägt man diese Werte der Geschwindigkeit v als Ordinaten, die des Kolbenweges als Abszissen auf, so erhält man für verschiedene Belastungswerte die in Abb. 62
angegebenen Weg-Geschwin-
digkeitskurven. Denken wir
uns, daß die hier vorkom-
menden Belastungen Q', Q
und Q'' dieselben wie in Abb.
59 sind, außerdem, daß die
Anfangsgeschwindigkeit in
beiden Fällen dieselbe ist,
dann ist die Weg-Geschwin-
digkeitskurve der Last Q eine
Parabel, da nur für diese Belastung die Verzögerung konstant ist.

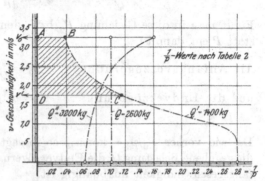

Abb. 63. Graphische Ermittlung der Zeit zwischen v_0 und v.

Ein anderes für die prak-
tische Auswertung der theoretischen Ergebnisse sehr
wertvolles Diagramm ist das
in Abb. 64 gezeigte Weg-
Zeitdiagramm. Für das Auf-
zeichnen dieses Diagrammes
werden zunächst die Kurven
in Abb. 63 ermittelt, deren
Ordinaten Werte der Ge-
schwindigkeit v und Abszissen Werte von $1/p$ angeben.

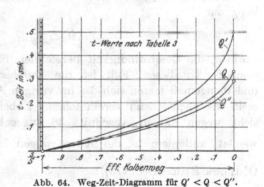

Abb. 64. Weg-Zeit-Diagramm für $Q' < Q < Q''$.

In diesem Diagramm bezeichnet z. B. die Fläche $ABCD$ die Zeit t,
während der eine Geschwindigkeitsänderung von v_0 auf v' stattfindet.
Es ist nämlich

$$\int_{v'}^{v_0} \frac{1}{p} \cdot dv = \int_{v'}^{v_0} \frac{dt}{dv} \cdot dv = \int_{v'}^{v_0} dt = \Big|_{v'}^{v_0} t.$$

Bezeichnet v_0 die Anfangsgeschwindigkeit, mit der die Kabine
gegen den Puffer anfährt, dann braucht der Kolben die Zeit t um die
Last Q' auf die niedrigere Geschwindigkeit v' zu bringen. Vermittelst
eines Planimeters lassen sich die einschlägigen Flächen am einfachsten
berechnen, und man erhält für jede Belastung die den v-Werten entsprechenden Zeiten. In Verbindung mit dem Weg-Geschwindigkeits-

diagramm (Abb. 62) läßt sich nun das in Abb. 64 gezeigte Weg-Zeit-diagramm konstruieren.

Die für das Kurvenaufzeichnen in Abb. 63 erforderlichen Werte der Beschleunigung p ergeben sich aus Gl. (68), die lautet

$$\frac{g}{Q'} \cdot (P \cdot A - Q') = \frac{d^2 s}{dt^2} = p. \tag{77a}$$

Führt man in diese Gleichung P_0' bzw. den Wert von P_s' nach Gl. (74) statt P ein, dann ist

die Anfangsverzögerung: $\qquad p_0' = \frac{g}{Q'} \cdot (P_0' \cdot A - Q') \qquad$ (77b)

und die Endverzögerung: $\qquad p_s' = g \cdot \dfrac{Q'}{\dfrac{g}{p_d'} P_0' \cdot A - Q'}. \qquad$ (77c)

Da wie vorher $P_0'/p_d' = \text{konst.}$, so besagt diese Gleichung, daß für die gegebene Belastung Q' die Endverzögerung konstant und von der Anfangsgeschwindigkeit unabhängig ist.

39. Fortsetzung. Beispiele. Wie vorher erwähnt, geht man in der Praxis bei der Bestimmung des effektiven Kolbenweges von der Beziehung aus

$$S = \frac{v_0^2}{2 \cdot g}$$

worin v_0 die Geschwindigkeit bezeichnet, für die der Regulator funktioniert. In diesem Fall ist die Durchschnittsverzögerung $p_d' = g$, und demgemäß lassen sich die im vorigen Abschnitt abgeleiteten Formeln wie nachstehend vereinfachen. Dabei sind der leichteren Übersicht wegen die in Abschnitt 36 angegebenen Bezeichnungen verwendet, außerdem ist der Kürze wegen $k = A \cdot \frac{P_0}{Q}$ eingeführt.

Öldruck P (nach Gl. (73)):

$$\log \frac{s}{S} = \frac{1}{k-1} \cdot \log \frac{(k-1) \cdot \dfrac{P}{P_0} - 1}{k-2}$$

Enddruck P_S (nach Gl. (74)): $\qquad P_S = \dfrac{P_0}{k-1}$

Geschwindigkeit v (nach Gl. (76)): $\qquad v = v_0 \sqrt{\dfrac{P}{P_0} \cdot \dfrac{s}{S}}$ $\qquad$ (78)

Verzögerung p (nach Gl. (77a)): $\qquad p = g \cdot (A \cdot \dfrac{P}{Q} - 1)$

Anfangsverzögerung p_0 (nach Gl. (77b)): $\; p_0 = g \cdot (k-1)$

Endverzögerung p_S (nach Gl. (77c)): $\qquad p_S = g \cdot \dfrac{1}{k-1}$

Beispiel 17. Für den in Beispiel 15 berechneten Kabinenpuffer sind Druck- und Geschwindigkeitsdiagramme für Belastungen (Kabine und Nutzlast) von 1500,

2750 und 3400 kg aufzuzeichnen. Unter Berücksichtigung der Reibung, wie vorher, sind dann die Pufferbelastungen

$$Q' = 0,95 \cdot 1500 = 1400 \text{ kg}$$
$$Q = 0,95 \cdot 2750 = 2600 \text{ „}$$
$$Q'' = 0,95 \cdot 3400 = 3200 \text{ „}$$

von welchen $Q = 2600$ kg für die Berechnung des Puffers maßgebend ist. Laut Beispiel 15 ist

die Anfangsgeschwindigkeit . . . . $v_0 = 3,25$ m/sek.
der effektive Kolbenweg . . . . $S = 54$ cm
der konstante Öldruck . . . . $P = 55$ kg/qcm
die Kolbenfläche . . . . $A = 95$ qcm

und daher, weil $P_0 = P$

$$k = A \cdot \frac{P_0}{Q} = 95 \cdot \frac{55}{2600} = 2,0$$

$$k' = A \cdot \frac{P_0}{Q'} = 95 \cdot \frac{55}{1400} = 3,73$$

und

$$k'' = A \cdot \frac{P_0}{Q''} = 95 \cdot \frac{55}{3200} = 1,63 .$$

Die sich aus der Gleichungsgruppe (78) ergebenden Werte sind in der nachstehenden Tabelle 2 enthalten, und das entsprechende Druckdiagramm ist in Abb. 59 gezeigt. In diesem Diagramm ist also der Anfangsdruck

$$P_0 = 55 \text{ kg/qcm}$$

und die durch B, C und D bezeichneten Enddrucke

$$P_S = 20, 55 \text{ und } 87,5 \text{ kg/qcm} .$$

Tabelle 2.

$\frac{s}{S}$	$Q' = 1400$ kg			$Q = 2600$ kg			$Q'' = 3200$ kg		
	P kg/qcm	v m/s	p m/s²	P kg/qcm	v m/s	p m/s²	P kg/qcm	v m/s	P m/s²
1	55,0	3,25	26,8	55,0	3,25	9,81	55,0	3,25	6,2
0,9	46,3	2,83	21,0	55,0	3,08	9,81	57,0	3,14	6,75
0,8	39,0	2,45	16,2	55,0	2,90	9,81	59,0	3,01	7,35
0,7	33,3	2,12	12,4	55,0	2,72	9,81	61,3	2,87	8,03
0,6	28,8	1,82	9,3	55,0	2,52	9,81	63,6	2,70	8,68
0,5	25,4	1,56	7,0	55,0	2,30	9,81	66,0	2,52	9,40
0,4	23,0	1,33	5,5	55,0	2,06	9,81	69,0	2,30	10,2
0,3	21,5	1,11	4,5	55,0	1,78	9,81	72,0	2,04	11,1
0,2	20,5	0,89	3,8	55,0	1,45	9,81	75,5	1,70	12,1
0,1	20,2	0,62	3,6	55,0	1,03	9,81	80,0	1,24	13,5
0	20,0	0	3,6	55,0	0	9,81	87,5	0	15,5

Die in Abb. 63 aufgetragenen Kurven sind aus den obigen Daten entstanden, und dieses Diagramm gibt uns somit die erforderlichen Unterlagen zur Ermittlung der den v-Werten entsprechenden Zeiten. Da hier keine absolute Genauigkeit verlangt wird, genügt es, die Integration graphisch auszuführen und die einzelnen Flächen durch Einschätzung zu berechnen. Die so erhaltenen Daten sind in Tabelle 3 zusammengestellt und in Abb. 64 graphisch aufgetragen.

Tabelle 3.

$\frac{s}{S}$	Zeit t in Sek.			$\frac{s}{S}$	Zeit t in Sek.		
	Q'	Q	Q''		Q'	Q	Q''
1	0	0	0	0,4	0,158	0,123	0,116
0,9	0,018	0,017	0,017	0,3	0,202	0,150	0,140
0,8	0,038	0,036	0,035	0,2	0,255	0,183	0,169
0,7	0,061	0,056	0,054	0,1	0,328	0,225	0,205
0,6	0,089	0,077	0,074	0	0,500	0,332	0,292
0,5	0,121	0,099	0,094				

Sind für einen Ölpuffer, dessen Kolbenweg $S = \frac{v_0^2}{2 \cdot g}$ ist, die Druckwerte P für verschiedene Belastungen wie Q, Q', Q'' usw., von denen Q
mit der konstanten Verzögerung g angehalten wird, wie oben ermittelt,
dann lassen sich für sämtliche Belastungen mit Ausnahme von Q die
entsprechenden Druckwerte P'_x, P''_x usw. für andere Aufzugsgeschwin-
digkeiten v'_0, v''_0 usw. direkt aus den P-Werten in Tabelle 2 berechnen.
Es besteht nämlich zwischen diesen beiden Veränderlichen die folgende einfache Beziehung.

Angenommen, daß v'_0 die Geschwindigkeit ist, für die die P_x-Werte
zu bestimmen sind, dann erhalten die mit dieser Geschwindigkeit anfahrenden Lasten eine Durchschnittsverzögerung, die aus der Beziehung

$$S = \frac{(v'_0)^2}{2 \cdot p'_d}$$

hervorgeht. Da der Kolbenweg in beiden Fällen, d. h. für v_o und v'_0
derselbe ist, so entsteht

$$\frac{v_0^2}{2 \cdot g} = \frac{(v'_0)^2}{2 \cdot p'_d}$$

oder, falls $v'_0 = \beta \cdot v_o$

$$p'_d = \beta^2 \cdot g . \tag{79}$$

Gleichfalls erhält man nach Gl. (57 b)

$$\text{für } v_0: \cdot \cdot \cdot \cdot P_0 = c \cdot \left(\frac{A \cdot v_0}{a \cdot Z} \right)^2$$

$$\text{für } v'_0: \cdot \cdot \cdot \cdot P'_0 = c \cdot \left(\frac{A \cdot v'_0}{a \cdot Z} \right)^2$$

oder, da $v'_0 = \beta \cdot v_o$

$$P'_0 = \beta^2 \cdot P_0 . \tag{80}$$

Wie wir uns entsinnen, sind die in Tabelle 2 enthaltenen P-Werte nach
der ersten Gleichung der Gruppe (78) berechnet, die wiederum aus Gl. (73)
nach Einführung von $p'_d = g$ entstanden sind. In dem vorliegenden
Fall ist nach Gl. (79) $p'_d = \beta^2 \cdot g$, welcher Wert, in Gl. (73) eingesetzt,
verändert diese Gleichung wie folgt:

$$\log \frac{s}{S} = \frac{1}{k' - 1} \cdot \log \cdot \frac{(k' - 1) \cdot \frac{P_x}{P_0} - 1}{(k' - 1) \cdot \beta^2 - 1} \tag{81 a}$$

Nun lautet die erste Gleichung in der Gruppe (78) für die Belastung Q':

$$\log \frac{s}{S} = \frac{1}{k'-1} \cdot \log \frac{(k'-1) \cdot \frac{P}{P_0} - 1}{k'-2} \tag{81b}$$

die in Verbindung mit Gl. (81 a) die folgende Beziehung zwischen den gesuchten Werten P_x und den bekannten Werten P (Tabelle 2) fest-setzt.

$$\frac{P_x - \frac{P_0}{k'-1}}{(k'-1) \cdot \beta^2 - 1} = \frac{P - \frac{P_0}{k'-1}}{k'-2}. \tag{82}$$

Beispiel 18. Es sei aus den in Beispiel 17 berechneten Druckwerten für $v_0 = 3{,}25$ m/sek. solche für $v_0' = 2{,}75$ m/sek. und $v_0'' = 3{,}75$ m/sek. zu ermitteln. Als Belastungen kommen nur $Q' = 1400$ kg und $Q'' = 3200$ kg in Betracht. Der Öldruck P_0 hat hier den Wert von 55 kg/qcm (vgl. Beispiel 17).

Für $Q' = 1400$ kg ist $k' = 3{,}73$ ⎫
 ,, $Q'' = 3200$,, ,, $k'' = 1{,}63$ ⎬ (vgl. Beispiel 17).

Für $v_0' = 2{,}75$ m/sek. ist $\beta = 0{,}85$ und $\beta^2 = 0{,}72$
 ,, $v_0'' = 3{,}75$,, ,, $\beta = 1{,}15$,, $\beta^2 = 1{,}32$.

Das Ergebnis der Berechnung, die nach Gl. (82) erfolgt, ist in nach-stehender Tabelle zusammengeführt und kommt graphisch in Abb. 61 durch die vier vollzogenen Kurven zum Ausdruck. Die drei punkt-gestrichelten Linien sind der Abb. 59 entnommen und sind hier des Vergleiches und der besseren Übersicht wegen eingetragen. Die Er-mittlung dieser Kurven ist in Beispiel 17 gegeben. Wie bereits erwähnt, läßt sich die hier besprochene Methode für alle Belastungen mit Aus-nahme von Q verwenden. Diese Ausnahme hängt mit der konstanten Verzögerung, mit der diese Last zum Stillstand kommt, zusammen. Die zwei gestrichelten Kurven (Abb. 61) beziehen sich auf gerade diese Belastung, und sie lassen sich nur aus Gl. (73) berechnen.

Tabelle 4.

$\frac{s}{S}$	$Q' = 1400$ kg			$Q'' = 3200$ kg		
	$v_0' = 2{,}75$	$v_0 = 3{,}25$ (Tab. 2)	$v_0'' = 3{,}75$	$v_0' = 2{,}75$	$v_0 = 3{,}25$ (Tab. 2)	$v_0'' = 3{,}75$
1	39,6	55,0	72,7	39,6	55,0	72,7
0,9	34,8	46,3	59,5	43,0	57,0	73,8
0,8	30,7	39,0	48,5	46,0	59,0	74,6
0,7	27,4	33,3	39,7	49,3	61,3	75,6
0,6	25,0	28,8	33,2	52,5	63,6	76,7
0,5	23,0	25,4	28,0	56,1	66,0	77,8
0,4	21,7	23,0	24,7	60,3	69,0	79,2
0,3	21,0	21,5	22,2	64,9	72,0	80,5
0,2	20,3	20,5	20,7	70,0	75,5	82,2
0,1	20,1	20,2	20,3	76,5	80,0	84,3
0	20,0	20,0	20,0	87,5	87,5	87,5

40. Die Wahl der Gradierungsbelastung. Die vorhergehende Theorie gründet sich darauf, daß der Ölpuffer mit der Belastung als ein unabhängiges System zu betrachten ist. Nun bildet aber die Pufferbelastung, d. h. die Kabine mit der Nutzlast bzw. das Gegengewicht einen Teil des ganzen Aufzugssystems, wie in Abb. 65 gezeigt, und daher hat die Theorie nur dann Gültigkeit, wenn beim Anprall die Seilspannung an der Befestigungsstelle A gleich Null ist. Um diesen Zustand zu erreichen, muß der Ölpuffer der abwärtsfahrenden Kabine eine Verzögerungskraft entgegenstellen, die zum mindestens der auf das Gegengewicht, sowie auf die Trag- und Ausgleichseile wirkenden Anhaltskraft gleichkommt.

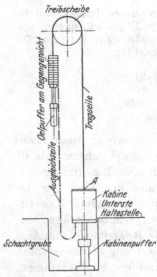

Abb. 65. Anordnung von Ölpuffern für Kabine und Gegengewicht.

Sehen wir zunächst von dem Einfluß der Tragseile, Reibung usw. ab, dann kommen die Ausgleichseile sowie das Gegengewicht unter der Wirkung der Schwerkraft mit einer Verzögerung $g = 9,81$ m/sek.^{2} zum Stillstand. Wirkt der Puffer mit der gleichen Verzögerung auf die anfahrende Kabine, dann ist der Auslaufsweg in beiden Fällen derselbe, und die Seilspannung in A ist Null. In Wirklichkeit, und zwar durch den Einfluß der Tragseile, ist das Gegengewicht einer bedeutend kleineren Verzögerung ausgesetzt, die sich theoretisch genau bestimmen läßt. Es würde aber hier zu weit führen, auf diese Theorie näher einzugehen; für die Praxis genügt die Feststellung, daß ein Ölpuffer, dessen „g"-Gradierung für eine Belastung Q ausgeführt ist, sich ebenfalls für eine größere Last Q'' verwenden läßt, falls dabei die Anfangsverzögerung nicht kleiner als $0,7\ g$ ist.

Wie aus der Tabelle 2 zu entnehmen ist, tritt bei der Mindestbelastung die höchste Verzögerung am Anfang des Hubes auf, und um diese Verzögerung innerhalb des Wertes $2,5\ g$ zu halten, muß das Kabinengewicht für eine gegebene Gradierung des Ölpuffers nicht unter einem gewissen Wert liegen. Bezeichnet

K das Kabinengewicht in kg,
Q_g die Belastung in kg, die der
    „g"-Gradierung zugrunde liegt,
L die maximale Nutzlast,

dann ist nach der zweiten Gleichung der Gruppe (62) der konstante Öldruck P und somit der Anfangsdruck P_0:

$$P_0 = \frac{2 \cdot Q_g}{A}. \tag{83}$$

Ferner ergibt sich nach der Gleichungsgruppe (78) für die Mindestbelastung K die Anfangsverzögerung

$$p_0 = g \cdot \left(A \cdot \frac{P_0}{K} - 1 \right) \leqq 2{,}5 \cdot g \qquad (84\,\text{a})$$

und für die Höchstbelastung $K + L$

$$p_0 = g \cdot \left(A \cdot \frac{P_0}{K + L} - 1 \right) \geqq 0{,}7 \cdot g. \qquad (84\,\text{b})$$

Nach Einführung des P_0-Wertes aus Gl. (83) ergeben diese Gleichungen:

$$Q_g \leqq 1{,}75 \cdot K \quad \text{und} \quad Q_g \geqq 0{,}85 \cdot (K + L)$$

oder

$$0{,}85 \cdot (K + L) \leqq Q_g \leqq 1{,}75 \cdot K. \qquad (85)$$

Diese Gleichung (85) läßt sich am einfachsten auf graphischem Wege analysieren. In einem Bezugssystem, wo die Abszissen Werte von Q_g und die Ordinaten K-Werte darstellen, bildet diese Gleichung für einen bestimmten L-Wert, etwa L', zwei sich kreuzende Geraden (Abb. 66). In dem Schnittpunkt A nimmt Gl. (85) die Form

$$0{,}85 \cdot (K + L) = Q_g = 1{,}75 \cdot K$$

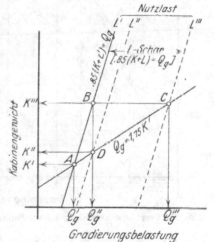

Abb. 66. Graphische Analyse der Gl. (85).

und wählen wir daher für die „g"-Gradierung die diesem Punkt entsprechende Belastung Q_g', dann läßt sich diese Gradierung für eine Mindestbelastung K' und für eine Höchstbelastung $(K' + L')$ verwenden, ohne daß die vorher festgelegten Verzögerungsgrenzen überschritten werden. In gleicher Weise gibt jeder Punkt auf der Gerade AC die diesbezügliche Auskunft. Kommt z. B. für Punkt C die Gradierungsbelastung Q_g''' in Frage, dann liegt die Belastungsmöglichkeit des betreffenden Ölpuffers zwischen K''' und $(K''' + L''')$. Geht man dagegen bei der Q_g-Wahl von irgendeinem anderen Punkt aus, etwa B, dann besagt zwar dieser Punkt, daß hier der Ölpuffer für eine Mindestbelastung K''' und eine Höchstbelastung $(K''' + L')$ Verwendung findet, jedoch ist von diesen Werten nur $(K''' + L')$ ein Grenzwert. Der entsprechende Mindestwert läßt sich nur durch den Schnittpunkt D auf der AC-Gerade ermitteln und ist in diesem Fall gleich K''. Bildet wiederum D den Ausgangspunkt für die diesbezügliche Wahl, dann sind die Grenzwerte der Belastung K'' und $(K'' + L'')$.

110   Die Theorie der Puffervorrichtungen.

Beispiel 19. Die Belastungsgrenzwerte eines Ölpuffers, der für eine Belastung $Q_g = 2300$ kg gradiert ist, sind zu ermitteln.

Trägt man die Gradierungsvertikale $Q_g = 2300$ kg in das Diagramm (Abb. 67) ein, das die graphische Darstellung der Gl. (85) ist, dann gibt uns der Schnittpunkt A mit der $Q_g = 1,75 \cdot K$-Linie die folgende Auskunft:

$$\text{Mindestbelastung:} \qquad K = 1310 \text{ kg,}$$
$$\text{Höchstbelastung:} \quad K + L = 1310 + 1390 = 2700 \text{ kg.}$$

Man ermittelt diesen letzten Wert ebenfalls von jedem Schnittpunkt aus, wie B, C usw., den die Q_g-Vertikale mit der L-Schar bildet. Punkt B gibt z. B.

$$K + L = 1500 + 1200 = 2700 \text{ kg.}$$

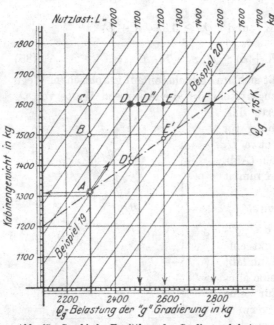

Abb. 67. Graphische Ermittlung der Gradierungsbelastung.

Beispiel 20. Für welche Belastung Q_g ist ein Ölpuffer zu gradieren, falls das Kabinengewicht $K = 1600$ kg und die maximale Nutzlast $L = 1300$ kg ist?

In dem Diagramm (Abb. 67) bildet D den Schnittpunkt der beiden Scharlinien $K = 1600$ und $L = 1300$ kg. Der Ölpuffer kann also in diesem Fall für irgend einen zwischen D und F liegenden Q_g-Wert gradiert werden. Wählen wir $Q_g = 2500$ kg dann kommt bei der Höchstbelastung $(K + L) = 2900$ kg die Verzögerung dem Grenzwert $0,7 \cdot g$ sehr nahe (vgl. Lage von D und D''), dagegen erreicht die Verzögerung bei der Mindestbelastung $K = 1600$ kg einen Wert, der ziemlich unter dem Grenzwert $2,5 \cdot g$ liegt (vgl. Lage von D und D'). Man ermittelt die diesbezüglichen Werte aus den Gleichungen (84b) und (84a), wobei man erhält:

$$\text{für } K + L = 2900 \text{ kg:} \quad p_0 = 0,72 \cdot g \text{ m/sek.}^2$$
$$\text{,,} \qquad K = 1600 \text{ ,,} \quad p_0 = 2,12 \cdot g \quad \text{,,}$$

Umgekehrt liegen die Verhältnisse, falls wir den dem Punkt F entsprechenden Q_g-Wert von 2800 kg wählen. Man erhält in diesem Fall:

$$\text{für } K + L = 2900 \text{ kg:} \quad p_0 = 0,93 \cdot g \text{ m/sek.}^2$$

(F ist hier ziemlich weit von dem Ausgangspunkt D entfernt),

$$\text{für } K = 1600 \text{ kg:} \quad p_0 = 2,50 \cdot g \text{ m/sek.}^2$$

(F fällt hier auf die Grenzlinie $Q_g = 1,75 \cdot K$.)

Um die Grenzwerte $0,7 \cdot g$ und $2,5 \cdot g$ zu vermeiden, kann man z. B. für die „g"-Gradierung einen mittleren Wert, etwa $Q_g = 2600$ kg (Pkt. E) wählen, und man bekommt:

$$\text{für K} + L = 2900 \text{ kg:} \quad p_0 = 0,80 \cdot g \text{ (vgl. Lage von } E \text{ und } D)$$
$$\text{,,} \qquad K = 1600 \text{ ,,} \quad p_0 = 2,35 \cdot g \text{ (vgl. Lage von } E \text{ und } E').$$

41. Berechnung der Beschleunigungsfeder des Kabinenpuffers und Ermittlung des widerstandslosen Kolbenweges.

Um beim Anprall eine Stoßwirkung weitmöglichst zu vermeiden, ist die Konstruktion des Kabinenpuffers derartig ausgeführt, daß der Öldruck — wie wir bereits gesehen haben — erst dann eintritt, nachdem der Kolben auf die gleiche Geschwindigkeit wie die abwärtsfahrende Kabine gebracht ist. Diese Geschwindigkeit wird dem Kolben durch die kleine Beschleunigungsfeder e (Abb. 14) erteilt, welche dann so zu bemessen ist, daß sie in dem Moment, da der Kolben die genannte Geschwindigkeit erreicht, fest zusammengepreßt ist.

Während dieser Bewegungsperiode verringert sich zwar die Kabinengeschwindigkeit, doch ist die Veränderung zu unbedeutend, um sie weiter zu beachten. Wir können deshalb annehmen, daß die Geschwindigkeit v_o der abwärtsfahrenden Kabine während dieser Periode konstant ist. Eine weitere Annahme, die der Berechnung zugrunde gelegt wird, ist die, daß das Kolbengewicht durch die Feder d (Abb. 14), die die Rückkehr des Kolbens in die Anfangslage besorgt, ausgeglichen ist. Demgemäß lautet das uns vorliegende Problem:

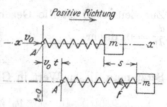

Abb. 68. Diagramm zur Berechnung der Beschleunigungsfeder.

„Eine Masse m und eine Feder bewegen sich auf der Bahn $X — X$ (Abb. 68). Zur Zeit $t = 0$ erhält Punkt A eine Geschwindigkeit v_o, die nachher konstant beibehalten wird. Es fragt sich, welche die Bewegung der Masse m ist?"

Als positiv wählen wir die Richtung, die eine Zunahme der Geschwindigkeit sowie der Wegstrecke aufweist. Demzufolge ist der von der Masse m zurückgelegte Weg s in Abb. 68 größer als die Strecke $v_o' \cdot t$ gezeigt, die der Punkt A der Feder in gleicher Zeit durchläuft. Dieser Annahme zufolge entsteht in der Feder eine Spannung, die zur Zeit t den Wert F hat. In diesem Fall ist die

$$\text{Federverlängerung} = s — v_0 \cdot t$$

und demgemäß die Federkraft

$$F = \frac{s — v_0 \cdot t}{\lambda} \qquad (86)$$

falls λ die Verlängerung je Gewichtseinheit bezeichnet. Setzt man diesen F-Wert in die dynamische Grundgleichung

$$-F = m \cdot \frac{d^2 s}{d t^2}$$

ein, dann ergibt sich

$$-\frac{s — v_0 \cdot t}{\lambda} = m \cdot \frac{d^2 s}{d t^2} \qquad (87\,\text{a})$$

deren Lösung lautet:

$$s = v_0 \cdot t + A \cdot \sin \frac{t}{\sqrt{m \cdot \lambda}} + B \cdot \cos \frac{t}{\sqrt{m \cdot \lambda}}. \qquad (87\,\text{b})$$

Man ermittelt die Integrationskonstanten A und B wie folgt: zur Zeit $t = 0$ ist die Wegstrecke $s = 0$, daher aus Gl. (87 b):

$$B = 0$$

und

$$s = v_0 \cdot t + A \cdot \sin \frac{t}{\sqrt{m \cdot \lambda}}. \qquad (87\,\text{c})$$

Wiederum, differenziert man diese Gleichung nach dem Argument t, dann erhält man

$$\frac{ds}{dt} = v_0 + \frac{A}{\sqrt{m \cdot \lambda}} \cdot \cos \frac{t}{\sqrt{m \cdot \lambda}}. \qquad (87\,\text{d})$$

Zur Zeit $t = 0$ ist die Geschwindigkeit der Masse m gleich Null, d. h. $\frac{ds}{dt} = 0$, daher

$$A = - v_0 \cdot \sqrt{m \cdot \lambda}.$$

Setzt man diesen Wert in Gl. (87 c) ein, dann ist

$$s = v_0 \cdot t - v_0 \cdot \sqrt{m \cdot \lambda} \cdot \sin \frac{t}{\sqrt{m \cdot \lambda}}. \qquad (88\,\text{a})$$

Gleichfalls erhält man aus Gl. (87 d)

$$\frac{ds}{dt} = v_0 - v_0 \cdot \cos \frac{t}{\sqrt{m \cdot \lambda}} \qquad (88\,\text{b})$$

welche Gleichung ebenfalls direkt aus Gl. (88 a) durch Differenzierung hervorgeht.

Gleichung (88 b) gibt uns nun die Zeit, die erforderlich ist, um die Masse m auf die Geschwindigkeit v_o zu bringen. Für $\frac{ds}{dt} = v_o$ ergibt sich

$$\cos \frac{t}{\sqrt{m \cdot \lambda}} = 0 \quad \text{oder} \quad \frac{t}{\sqrt{m \cdot \lambda}} = \frac{\pi}{2}$$

daher

$$t = \frac{\pi}{2} \cdot \sqrt{m \cdot \lambda}. \qquad (89)$$

Setzt man diesen Wert in Gl. (88 a) ein, dann bekommt man

$$s = v_0 \cdot \left(\frac{\pi}{2} - 1 \right) \cdot \sqrt{m \cdot \lambda} \quad \text{m} \qquad (90)$$

und erhält somit einen Ausdruck für den Weg, den der Kolben zurücklegt, ehe er dem durch den Öldruck hervorgerufenen Widerstand begegnet.

Aus Gl. (86) ergibt sich nun nach Einführung der obigen Werte von t und s die Federkraft

$$F = - v_0 \sqrt{\frac{m}{\lambda}} \quad \text{kg} \qquad (91)$$

worin das negative Zeichen andeutet, daß die Feder einer Durchbiegung ausgesetzt ist.

Beispiel 21. Für den in den Beispielen 15 und 17 behandelten Kabinenpuffer ist die Beschleunigungsfeder zu berechnen. Außerdem ist die Wegstrecke festzulegen, die der Kolben zurücklegt, bevor die Verzögerung eintritt. Das Gewicht des Kolbens mit dazugehöriger Stange wird auf 70 kg geschätzt.

Die Feder ist so zu bemessen, daß sich die Windungen bereits bei den kleinst vorkommenden hydraulischen Druck berühren, und daß sie während des ganzen Kolbenweges diese gegenseitige Lage behalten. Nach Tabelle 2 ist in dem vorliegenden Fall der Mindestdruck $P_{min} = 20$ kg/qcm, welcher Wert für die Pufferbelastung $Q' = 1400$ kg am Ende des Kolbenweges auftritt. Hieraus berechnet sich die Federkraft:

$$F = A \cdot P_{min} = 95 \cdot 20 = 1900 \text{ kg}.$$

Unter Berücksichtigung, daß hier $v_0 = 3,25$ m/sek. und $m = \dfrac{70}{9,81} = 7,15$ ist, ergibt Gl. (91):

$$\lambda = m \cdot \frac{v_0^2}{F^2} = 7,15 \cdot \frac{(3,25)^2}{(1900)^2} = 2,1 \cdot 10^{-5} \text{ m/kg}$$

und ist die Feder somit für eine Belastung $F = 1900$ kg und für eine Durchbiegung von

$$F \cdot \lambda = 1900 \cdot 2,1 \cdot 10^{-5} = 0,04 \text{ m} = 4 \text{ cm}$$

zu bemessen.

Nach Gl. (90) erhalten wir ferner

$$s = 3,25 \cdot 0,57 \cdot \sqrt{7,15 \cdot 2,1 \cdot 10^{-5}} = 2,3 \text{ cm}.$$

Da der Kolben bereits beim Vorbeifahren der größeren Ausflußöffnungen a (Abb. 55) eine gewisse Verzögerung erfährt, läßt man in der Praxis den oben ermittelten s-Wert nur den Abstand zwischen der Anfangslage des Kolbens und der Öffnungsmitte bezeichnen. Ist der Durchmesser dieser Öffnungen etwa 3,0 cm, dann streckt sich die erste Bewegungsperiode, wie in Abb. 55 angedeutet, über einen Kolbenweg von

$$s + {}^3/_2 = 3,8 \text{ cm}.$$

IV. Richtlinien bei der Typung und Normung.
A. Die grundlegende Bedeutung des Leistungsfeldes.

42. Allgemeine Betrachtungen. Unter Typung verstehen wir den gesetzmäßigen Reihenaufbau von Gesamterzeugnissen, z. B. von Maschinen, Motoren, Kontrollapparaten, Fangvorrichtungen usw., im Gegensatz zur Normung, welche auf die wirtschaftliche Auswahl von Einzelteilen zielt. Die Probleme der Normung zerfallen in zwei Gruppen von denen die eine Gegenstände umfaßt, deren Aufbau auf physikalischen Gesetzen beruht, wie z. B. das Schneckengetriebe, die Motorwicklung, die Magnetspule, der Anlaßwiderstand usw.[1]) Zur anderen

---

[1]) Vgl. Hellborn: „Aus der Normung in der Aufzugsindustrie", Fördertechnik 1925, S. 65, sowie „Normung der Statorspulen eines Wechselstrommotors in nomographischer Behandlung", ETZ. 1925, S. 1031.

Gruppe gehören Kabinenschalter, Etagenanzeiger, Druckknopfkästen, Ruftableaus, Verschlüsse usw.; für diese Gruppe bestehen keine derartigen Gesetze, und die Normung vollzieht sich hauptsächlich mit Rücksicht auf Fabrikation und Montage.

Der Reihenaufbau von Gesamterzeugnissen muß sich der Wirtschaftlichkeit anpassen; infolgedessen muß für die Typung der Grundsatz gelten, daß die Typenwahl so getroffen wird, daß hinsichtlich der am häufigsten vorkommenden Leistungen eine volle Ausnutzung des getypten Gegenstandes stattfindet. Nur dadurch kann die Wahl der sich ergebenden Typen als wirtschaftlich charakterisiert werden. Für eine derartige Leistung kann nämlich kein kleinerer Gegenstand (z. B. kein kleineres Maschinengerät) gewählt werden; folglich werden für die Herstellung des getypten Gegenstandes die Materialkosten die kleinstmöglichen, wie gleichfalls die Betriebskosten für den Abnehmer auf ein Minimum kommen. Die Herstellungskosten richten sich selbstverständlich nach den Absatzziffern, d. h. nach der Nachfrage der betreffenden Leistung; je größere Mengen gleichzeitig hergestellt werden, desto kleiner werden die Herstellungskosten pro Stück.

Es ist leicht erkenntlich, daß die Typung und Normung eine durchgehende Analyse des einschlägigen Leistungsfeldes voraussetzt. Dieses Leistungsfeld enthält nämlich sämtliche marktgängigen Leistungen, und von dem Charakter dieses Feldes, d. h. von Anzahl, Lage und Absatz der einzelnen Leistungen, hängt in erster Linie der Reihenaufbau ab. Eine Typenreihe, die aus dem Leistungsfeld hervorgegangen ist, besitzt den großen Vorteil, daß jede persönliche Willkür ausgeschlossen ist.

Das Leistungsfeld nimmt für jedes Land einen besonderen Charakter an, der mit den Gesetzen, Verordnungen, Gewohnheiten usw. des betreffenden Landes eng verknüpft ist. Ein in dieser Beziehung treffendes Beispiel liefert gerade die Aufzugsindustrie. Während in den Vereinigten Staaten von Amerika Hubgeschwindigkeiten von 3,5 bis 4,0 m/sek. keine Seltenheit sind, ist zurzeit in den meisten europäischen Ländern die erlaubte Höchstgeschwindigkeit nur 1,5 m/sek. Da außerdem in Amerika bedeutend größere Lasten befördert werden, ist es leicht einzusehen, welch gewaltiger Unterschied zwischen den Leistungsfeldern besteht, und aus dem Grunde gestaltet sich auch die einschlägige Typung so ganz anders.

Von Zeit zu Zeit werden wir das Entstehen neuer Leistungen wahrnehmen können, welche in die vorhandene Typenreihe aufgenommen werden müssen; ebenso werden wir finden, daß der Absatz gewisser Leistungen mit der Zeit so abnimmt, daß ein Ausscheiden aus der Normalreihe erfolgen kann. Sollte nun diese allmählich stattfindende Veränderung des Leistungsfeldes Einfluß auf die vorhandene Typung haben, dann muß die Typenreihe ebenfalls von Zeit zu Zeit einer entsprechenden

Modifizierung unterworfen werden. Die neuen getypten und genormten Erzeugnisse unterscheiden sich von den vorherigen nicht nur durch die neue Größenbildung, die der inzwischen eingetretenen Entwicklung besser entspricht, sondern auch durch eine verbesserte und den Forderungen der neueren Zeit mehr angepaßte Konstruktion.

43. Das Charakteristische der Verwendungsgebiete von Motoren und Maschinen. In der graphischen Sprache ausgedrückt ist das Ziel der Typung das Festlegen der wirtschaftlichen Begrenzung des Verwendungsgebietes eines Erzeugnisses. Den Ausgangspunkt hierfür bildet die graphische Darstellung des Leistungsfeldes, welches das Gesamtbild sämtlicher Normalleistungen bildet. In anderen Worten, dieses Feld setzt sich aus den gewöhnlich vorkommenden Belastungen und Hubgeschwindigkeiten zusammen.

Wählen wir als Abszissen in einem kartesischen Koordinatensystem (Abb. 69) die Werte der Nutzlast L in kg und als Ordinaten die der Hub-

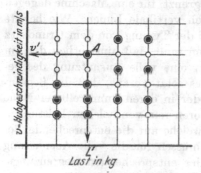
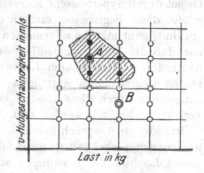

Abb. 69. Graphische Darstellung des
Leistungsfeldes.

Abb. 70. Graphische Darstellung des Verwendungsgebietes eines Gegenstandes.

geschwindigkeit v in m/sek., dann bezeichnet jeder Punkt, wie z. B. A, eine bestimmte Leistung $L' \cdot v'$ mkg/sek. Werden in diesem Diagramm die marktgängigsten Leistungen besonders gekennzeichnet, dann ermöglicht diese graphische Darstellung eine Versinnbildlichung des für jedes Land charakteristischen Leistungsfeldes.

Fassen wir nun die Leistungen gruppenweise zusammen und denken uns für jede Gruppe eine besondere Apparatgröße, dann ist das Verwendungsgebiet dieser Größe durch eine Fläche darzustellen (Abb. 70), welche die betreffenden Leistungen in sich schließt. Jede Leistung, wie B, die außerhalb dieser Fläche fällt, beansprucht folglich eine andere Größe. In dieser Weise ist der für die Normung beabsichtigte Teil des Leistungsfeldes zu zerlegen, und die Typung besteht nun darin, die Begrenzungen am zweckmäßigsten festzustellen. Die Möglichkeit, das Interessentenbereich eines jeden Gegenstandes in dieser Weise in das Leistungsfeld einzeichnen zu können, ist von größter Bedeutung bei dieser Normungsarbeit. Die Verwendungsgebiete der einzelnen Apparate dürfen selbstverständlich nicht übereinander greifen, ebensowenig wie ein Stück des Leistungsfeldes unbedeckt bleiben darf.

Von dem Charakter des Leistungsfeldes hängt in erster Linie die Wahl der zu verwendenden Motoren- und Maschinenreihen ab. Zeichnen wir deshalb nacheinander in das Leistungsfeld die Verwendungsgebiete der nach bestimmten Reihen angeordneten Motoren bzw. Maschinen ein, dann können wir durch Vergleiche leicht feststellen, welche Reihe sich am besten für das betreffende Leistungsfeld eignet. Es ist nämlich sehr wünschenswert eine Modellreihe zu erhalten, die eine ausgesprochene Regelmäßigkeit aufweist, und aus dem Grunde ist eine mathematische Reihenanordnung vorzuziehen.

Das Verwendungsgebiet nimmt die Form an, welche durch die Abhängigkeit des betreffenden Gegenstandes vor allem von der Last und der Geschwindigkeit gegeben ist. Für einen Motor ist das entsprechende Gebiet durch hyperbolische Kurven begrenzt, für eine Maschine dagegen erfolgt diese Begrenzung einfach durch vertikale Linien. Wie bereits erwähnt, geht man im allgemeinen bei der Typung von dem Grundsatz aus, daß die Wahl so getroffen werden muß, daß hinsichtlich der am häufigsten vorkommenden Leistungen eine volle Ausnutzung des getypten Gegenstandes stattfindet. Dies setzt voraus, daß die Begrenzungslinien durch diese Leistungen oder in deren unmittelbarer Nähe verlaufen. Folglich werden z. B. Motoren nur von solchen Leistungen vollständig in Anspruch genommen, welche auf die entsprechende Begrenzungshyperbel fallen; gleichfalls müssen für die volle Ausnutzung einer Maschine die Leistungen auf der entsprechenden Begrenzungsvertikale liegen. Für eine gleichzeitige Ausnutzung des Motors sowie der Maschine ist es erforderlich, daß die betreffenden Leistungen in die Schnittpunkte der verschiedenen Grenzlinien fallen.

Wie wir gesehen haben, bezeichnet jeder Punkt in dem Diagramm, Abb. 69, einen bestimmten Wert in mkg/sek. Werden nun sämtliche Punkte gleichen Wertes miteinander verbunden, dann entsteht eine Kurve, die gleichwertige Wertepaare von L und v enthält. Die analytische Form des gesetzmäßigen Zusammenhanges zwischen diesen Größen läßt sich durch

$$L \cdot v = \text{konst.}$$

ausdrücken, und unter der Voraussetzung einer gleichmäßigen Einteilung der beiden Koordinatenskalen stellt diese Gleichung eine Hyperbel dar. In diesem Diagramm entspricht somit jede Hyperbel einer konstanten Leistung; in anderen Worten, die graphische Darstellung der Leistung eines Motors kann in diesem Fall durch eine Hyperbel erfolgen. Bezeichnet diese Kurve die Höchstleistung, dann liegt das Verwendungsgebiet des Motors an der Seite der Kurve, die sich dem Anfangspunkt der Koordinaten zuwendet.

In Abb. 71 ist eine derartige Kurve eingetragen. Sämtliche Aufzugsleistungen A, B, C und D befinden sich in dem Bereich des Motors, der aber nur von den Leistungen A und B voll ausgenutzt wird. Dieses läßt sich dadurch erkennen, daß die Punkte direkt auf die Hyperbel fallen. Eine andere Leistung, wie E, die außerhalb des Motorbereiches fällt, erfordert einen größeren Motor.

Zeichnen wir nun in dieses Diagramm eine Hyperbelschar ein, dann stellt jede Hyperbel eine gewisse Motorgröße dar, die mit $N\,1$, $N\,2$, $N\,3$ usw. in Abb. 72 bezeichnet ist. Das Verwendungsgebiet eines jeden Motors liegt zwischen zwei benachbarten Kurven, von denen die äußere die Höchstleistung angibt. Durch diese graphische Darstellung läßt sich nun für jede Leistung die entsprechende Motorgröße sofort ermitteln.

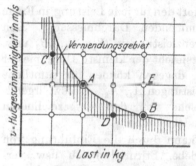

Abb. 71. Verwendungsgebiet eines Motors. Abb. 72. Verwendungsgebiet einer Motorenreihe.

Für die Leistungen A und B kommt in diesem Fall Motor $N\,1$ in Betracht, für C, D und E Motor $N\,2$, für F und G Motor $N\,3$ usw. Aus diesem Diagramm ersieht man ebenfalls, in welchem Grade die Kapazität der Motoren von den verschiedenen Leistungen in Anspruch genommen wird.

44. Fortsetzung. Für die Berechnung der Maschine geht man von dem auf der Welle der Treibscheibe lastende Drehmoment (Lastmoment) aus. In diesem Fall kommt also von den beiden Veränderlichen L und v, welche die Koordinaten des Leistungsfeldes bilden, nur die Last L in Betracht. Folglich läßt sich das Verwendungsgebiet einer Maschine durch eine Vertikale begrenzen. Für ein gegebenes Lastmoment ist aber die entsprechende Maximallast von dem Durchmesser der Treibscheibe abhängig; kommen daher für jede Maschinentype mehrere Treibscheiben in Frage, wie es in dem Aufzugsbau der Fall ist, dann setzt sich die Begrenzung einer Maschine aus mehreren Vertikalen zusammen, von denen jede einem bestimmten Durchmesser entspricht.

Die Konstruktion dieser Vertikalbegrenzung ist in Abb. 73 durch die Einführung eines zweiten Bezugssystemes veranschaulicht. Die

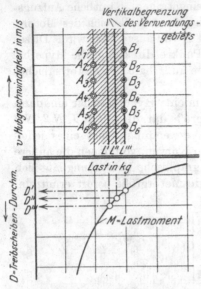

Abb. 73. Verwendungsgebiet einer Maschine.

Koordinaten dieses Systems bestehen aus der Last L und dem Durchmesser D der Treibscheibe. Gemeinsam für beide Systeme bleibt somit die Veränderliche L. Da das Lastmoment M dem Produkt von L und D proportional ist, erfolgt die Darstellung des Lastmoments durch eine Hyperbel. Aus diesem Doppeldiagramm sind die jedem Durchmesser entsprechenden Höchstbelastungen L', L'' und L''' direkt abzulesen; umgekehrt erkennt man sofort den für jede Leistung in Frage kommenden Durchmesser. Den Grenzleistungen B_1, B_2, B_3 usw. entspricht der kleinste Durchmesser D', dagegen können für sämtliche Leistungen A_1, A_2, A_3 usw. irgendwelche von den eingezeichneten Durchmessern D', D'' und D''' verwendet werden.

Das Lastmoment einer Maschine kann durch die Einführung von Vorgelegen, wie z. B. Schneckengetriebe, Stirnradantrieb usw. vergrößert werden. Diese Vergrößerung des Lastmoments geschieht auf

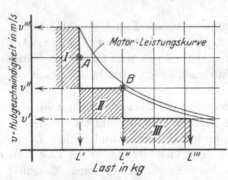

Abb. 74. Bildung eines stufenförmigen Maschinengebiets durch Vorgelege.

Kosten der Geschwindigkeit, da im allgemeinen dieselbe Motorgröße für sämtliche Ausführungsformen in Frage kommt. Man erhält somit für ein und dieselbe Maschinentype ein stufenförmiges Verwendungsgebiet (Abb. 74), dessen Ecken auf die der Motorleistung entsprechende Hyperbel fallen. Zwar bildet diese Hyperbel hier keine kontinuierliche Kurve, da jede Ausführungsform der Maschine den Gesamtwirkungsgrad des Aufzugs beeinflußt; hierdurch wird eine diesem Wirkungsgrad entsprechende Verrückung dieser Kurve hervorgerufen.

Bezeichnet in Abb. 74 Stufe I das Verwendungsgebiet der Maschine mit Schneckengetriebe, dann wird die Stufe II z. B. durch die Einführung eines Stirnradantriebes gebildet. Für eine Leistung A, die der Stufe I angehört, kommt somit eine Maschine mit Schneckengetriebe in Betracht; die Leistung B dagegen beansprucht außerdem als Vorgelege einen Stirnradantrieb. Denkt man sich nun die Aufhängung der Kabine in den üblichen zwei Arten ausgeführt, d. h. mit direktem Seilzug und mit loser Rolle, in welchem Fall sich die Last auf zwei Seilstränge verteilt, dann erfährt jede Stufe eine weitere

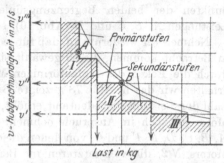

Abb. 75. Bildung von Sekundärstufen durch Kabinenaufhängung 2:1.

Zerlegung, und das Verwendungsgebiet nimmt die in Abb. 75 dargestellte Form an. Durch jede Ausführungsform wird der Gesamtwirkungsgrad des Aufzugs herabgesetzt, und aus dem Grunde verschiebt sich bei jeder Stufe die hyperbolische Leistungskurve des Motors.

Die gegenseitige Beziehung der Verwendungsgebiete von Motoren und Maschinen ist in den Abb. 76 und 77 veranschaulicht. Der Unterschied zwischen diesen beiden Diagrammen ist nur in der relativen Lage der Begrenzungslinien zu suchen. In dem einen Fall (Abb. 76) geht die Leistungshyperbel des Motors durch die inneren Ecken des stufenförmigen Maschinenfeldes, in dem anderen berührt diese Kurve die äußeren Ecken. Nur die Leistungen, die sich in dem Felde befinden, wo eine Überlagerung der beiden Gebiete stattfindet, können für den betreffenden Aufzug in Betracht kommen. Dabei wird in gewissen Fällen nur der Motor, wie z. B. durch die Leistungen A', B' und C' (Abb. 76), in anderen

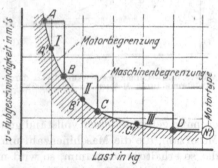

Abb. 76. Gegenseitige Beziehung von Motor und Maschine unter voller Ausnutzung des Motors.

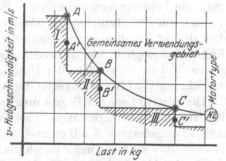

Abb. 77. Gegenseitige Beziehung von Motor und Maschine unter voller Ausnutzung der Maschine.

nur die Maschine, wie durch die Leistungen A', B' und C' (Abb. 77)
voll ausgenutzt. Nur dann erfolgt eine vollständige Inanspruchnahme
dieser maschinellen Ausrüstung, wenn die Leistungen in den Schnittpunkten der beiden Begrenzungslinien liegen. Dies trifft für die
Leistungen A, B, C und D (Abb. 76), sowie A, B und C (Abb. 77) zu.

Nehmen wir wiederum an, daß für jede Maschinengröße zwei Motoren
in Betracht kommen, die so gewählt sind, daß die Leistungshyperbeln
durch die Ecken des stufenförmigen Maschinenfeldes verlaufen, dann
erhalten wir das in Abb. 78 gezeigte Bild. In diesem Fall hat sich die
Zahl der Leistungen bedeutend erhöht, welche die Maschine sowie den
Motor gänzlich in Anspruch nehmen. Zu diesen Leistungen gehören
A, B, C, D, E, F und G, von denen die drei ersteren sich im Bereich des
Motors $N 2$, die vier letzteren im Bereich des Motors $N 1$ befinden.

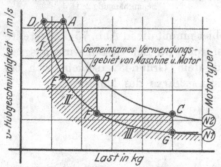

Abb. 78.   Erweiterung des Wirkungsfeldes durch
Einführung zweier Motoren für jede Maschine.

Es unterliegt keinem Zweifel,
daß diese Anordnung eine besondere gute Ausnutzung der
maschinellen Ausrüstung mit
sich bringt.

In Abb. 79 ist die Wahl der
Maschinen- und Motorenreihen
so getroffen, daß auf jede Maschine zwei Motoren kommen,
doch sind die einzelnen Maschinen derartig aneinander angegliedert, daß zwei benachbarte
Maschinen einen gemeinsamen
Motor haben.   Laut dieser An-
ordnung gehört zu einer vollständigen Deckung des Leistungsfeldes eine
Motorzahl, die die Maschinenzahl um eins übersteigt. Untersucht man
das so erhaltene Diagramm, so wird man finden, daß überall wo die Begrenzungslinien sich schneiden, d. h. wo eine volle Ausnutzung stattfindet, zwei Möglichkeiten einer maschinellen Anordnung für die betreffende Leistung vorhanden sind. Betrachtet man z. B. Leistung A,
die sich auf der Hyperbel des Motors $N 3$ befindet, so bemerkt man,
daß sie auf die Begrenzungslinien der Maschinen $L 2$ und $L 3$ fällt.
Es ist also möglich, hier entweder die kleinere Maschine $L 2$ oder die
größere $L 3$ zu verwenden; der Unterschied liegt darin, daß für $L 2$ die
Ausführung II, für $L 3$ dagegen die Ausführung I in Betracht kommt.

Die relative Lage der Begrenzungslinien von Maschinen und Motoren
läßt sich auf mancherlei Weise variieren. Denken wir uns z. B. die in
Abb. 78 eingetragene $N 1$-Hyperbel der der $N 2$ etwas näher gerückt und
zwar so, daß sie nicht mehr durch die Punkte D, E, F und G verläuft,
dann geht Abb. 79 in Abb. 80 über. Der Unterschied zwischen diesen

beiden Diagrammen ist sofort ersichtlich; die Ausnutzung der maschinellen Ausrüstung ist bedeutend gesteigert, was durch die Anzahl der mit einem Doppelkreis bezeichneten Leistungen hervorgeht. Außerdem ist eine scharfe Trennung der zu jeder Ausführungsform gehörigen Leistungen eingetreten. Die Leistungen A, B, C ferner A', B', C' usw. kommen auf die Ausführung I, die Leistungen D, E, F ferner D', E', F' usw. auf die Ausführung II.

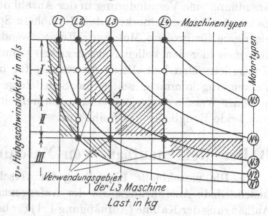

Abb. 79. Anordnung von Maschinen- und Motorenreihen.

Die Maschinen und die Motoren bilden die Grundreihen in der Aufzugsindustrie, und aus diesen ergeben sich die sämtlichen anderen Reihen, die hier vorkommen. Es liegt klar auf der Hand, daß z. B. die Reihe der Kontrollapparate sich der Motorenreihe anschließt. Der Kontroller enthält nämlich sämtliche Apparate, die dazu dienen, den Motor aus dem Stillstand auf seine betriebsmäßige Umdrehungszahl zu bringen, und aus dieser Geschwindigkeit zurück zum Stillstand; ferner Apparate, die für die Umkehr der Drehrichtung erforderlich sind. Die Kontakte dieser Apparate müssen demgemäß für den Motorstrom berechnet

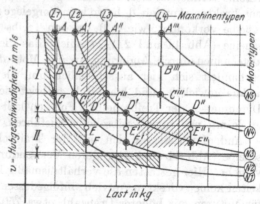

Abb. 80. Anordnung von Maschinen- und Motorenreihen in von Abb. 79 abweichender Weise.

werden, und die Abmessungen dieser Kontakte sind somit maßgebend für den Aufbau des Kontrollers. Nun stellt sich allerdings die einem gewählten Motor entsprechende Stromstärke nach der Spannung ein; wünscht man also einem Motor einen bestimmten Kontroller zuzuweisen, dann muß dieser Kontroller für die der niedrigsten Spannung entsprechende Stromstärke berechnet werden. Auf diese Weise erhält man eine Kontrollerreihe, die mit der Motorenreihe vollkommen übereinstimmt.

Es läßt sich auch eine andere Anordnung der Kontrollerreihe denken — man kann z. B. den Kontroller für einen gewissen Strombereich konstruieren. In den meisten Fällen erreicht man durch eine derartige Anordnung eine Verminderung in der Anzahl der erforderlichen Größen. Es ist nämlich zu bemerken, daß die höhere Spannung für kleinere, die niedrigere für größere Motoren selten verwendet wird, ein Vorfall, aus dem man hier den vollen Nutzen ziehen kann. Obgleich die einzelnen Kontrollergrößen laut dieser Anordnung für benachbarte Motoren zur Verwendung kommen, weicht die Schrittfolge der einschlägigen Reihe in keiner Weise von derjenigen der Motorenreihe ab, nur fallen das eine oder beide Endglieder der Reihe fort.

B. Der Reihenaufbau von Maschinen und Motoren.

45. Die maschinelle Einstellung für verschiedene Hubgeschwindigkeiten.
Jede Ausführungsform der Aufzugsmaschine wird bei direkter Aufhängung der Kabine (Aufhängung 1:1) für bestimmte Werte der Hubgeschwindigkeit, etwa v_1, v_2, v_3, v_4 usw., eingestellt. Dieser Geschwindigkeitsbereich läßt sich ohne irgendeine Änderung an der Maschine durch die Werte $\frac{v_1}{2}$, $\frac{v_2}{2}$, $\frac{v_3}{2}$, $\frac{v_4}{2}$ usw. ergänzen, falls die Aufhängung der Kabine vermittelst loser Rolle erfolgt (Aufhängung 2:1). Für Maschinen mit direktem Antrieb, d. h. wo kein Vorgelege zwischen Motor und Treibscheibe vorkommt, wie z. B. bei den Treibscheibenwinden mit Gegenscheibe (Abb. 1a und 2a), geschieht das diesbezügliche Einstellen im allgemeinen durch Änderung an der Motordrehzahl. Jeder Motor — es handelt sich hier ausschließlich um Gleichstrommotoren — wird anders gewickelt, und hierdurch erübrigt sich jede Änderung an dem Durchmesser der Treibscheibe. Folglich läßt sich hier jede Maschinengröße mit nur einer Treibscheibe ausführen.

Anders verhält es sich mit der Treibscheibenwinde ohne Gegenscheibe (Abb. 1b und 2b), deren Verwendungsgebiet aus Abb. 3 hervorgeht. Hier gestatten die verhältnismäßig kleineren Hubgeschwindigkeiten keinen direkten Antrieb; infolgedessen wird diese Maschinentype für Motoren mit höherer Drehzahl, etwa 750 bis 1200 pro min, gebaut, und das Einstellen für verschiedene Hubgeschwindigkeiten erfolgt durch Veränderungen an den Treibscheiben sowie den Vorgelegen, die aus Schnecken- und Stirnradgetrieben bestehen. Die Aufgabe, die uns hier entgegentritt, ist also das Festlegen bestimmter Verwendungsgebiete für die einschlägigen Treibscheiben und Übersetzungen, da nur hierdurch die für eine systematische Normung erforderliche Grundlage erhältlich ist. Was uns unter anderem besonders interessiert, ist die sich in jedem nur fällt die Konstruktion der Maschine günstiger aus, je kleiner diese Zahl ist, der Lastenunterschied (Abb. 73), der auf die Verwendung von Treibscheiben verschiedener Größe beruht, wird hierdurch ebenfalls geringer.

Die einschlägige Analyse läßt sich am einfachsten und übersichtlichsten auf graphischem Wege ausführen. Bezeichnet

v die Hubgeschwindigkeit in m/sek.,
n die Motordrehzahl/min,
i die Gesamtübersetzung,
D den Durchmesser der Treibscheibe in cm,

dann besteht zwischen diesen Größen die Beziehung

$$v = \frac{n}{60 \cdot i} \cdot \frac{\pi \cdot D}{100}$$

die in Abb. 81 nomographisch dargestellt ist. Das Feld enthält im Netz (i, v) die Schar der Rechenlinien, die hier aus Hyperbeln bestehen. Diese Kurvenart geht aus der nomographischen Form obiger Gleichung hervor

$$i \cdot v = \frac{\pi}{6000} \cdot n \cdot D$$

oder für konstante Werte von n und D

$$i \cdot v = \text{konst}.$$

Diese hyperbolischen Rechenlinien bilden die Verbindung zwischen den Wertepaaren (i, v) und (n, D). Die Verwendung des Nomogrammes ist durch das eingetragene Beispiel erläutert, worin es gilt, für gegebene Werte v', n'

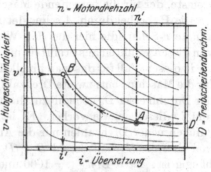

Abb. 81. Nomographische Netztafel der Gleichung:
$$v = \text{konst} \cdot \frac{n \cdot D}{i}.$$

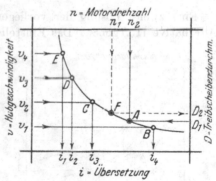

Abb. 82. Alternative I der maschinellen Einstellung für arithmetische v-Reihe.

und D' den entsprechenden Wert i' zu ermitteln. Die Lösung erfolgt durch das Festlegen des Schnittpunktes A, der das Wertepaar (n', D') definiert. Von A aus wird die Richtung der Hyperbelschar bis zum Punkt B verfolgt, der auf der horizontalen v'-Linie liegt. Die Vertikale von B gibt die gesuchte Antwort.

Denken wir uns zunächst, daß das Einstellen für v_1, v_2, v_3, v_4 usw. ausschließlich durch das Vorgelege, etwa ein Schneckengetriebe, erfolgt, dann ergibt sich aus der oben angeführten nomographischen Netztafel das in Abb. 82 gezeigte Bild, das wir Alternative I nennen wollen. In diesem Bild stellen die Schnittpunkte B, C, D und E Wertepaare von i und v, Punkte A und F Wertepaare von n und D dar. Die analytische Beziehung, die zwischen diesen Größen existiert, kommt durch die eingetragene Hyperbel zum Ausdruck, auf welche die erwähnten Schnittpunkte fallen. Die Konstruktion des Diagrammes erfolgt zunächst durch das Feststellen des Schnittpunktes A, der das bekannte Wertepaar n_2 und D_1 definiert. Der Durchmesser D_1 ist nämlich hier der kleinste, der für die betreffende Maschine in Betracht kommen kann.

Die Hyperbel durch A schneidet in B, C, D und E die ebenfalls bekannte v-Schar, die hier aus den Werten v_1, v_2, v_3 und v_4 besteht, und von diesen Punkten aus ermittelt man die Übersetzungen i_1, i_2, i_3 und i_4, die in diesem Fall für das maschinelle Einstellen erforderlich sind. Kommt für die Maschine eine zweite Drehzahl, etwa n_1, in Betracht, dann kommt der Durchmesser D_2 noch hinzu, doch bleiben die Übersetzungen i_1, i_2, i_3 und i_4 dieselben wie vorher. Es ist hieraus ersichtlich, daß das Hinzufügen neuer Drehzahlen nur die Anzahl der Treibscheiben beeinflußt, und daß die Verhältniszahl D_{max}/D_{min} ausschließlich von n_{max}/n_{min} abhängig ist. Ist z. B. $n_{max} = 1000$ und $n_{min} = 750$, dann ist

$$\frac{n_{max}}{n_{min}} = \frac{1000}{750} = 1{,}33 = \frac{D_{max}}{D_{min}}.$$

Eine zweite Lösung der vorliegenden Aufgabe ist in Abb. 83 als Alternative II gegeben. Das Einstellen für v_1, v_2, v_3, v_4 usw. geschieht hier ausschließlich durch die Wahl verschiedener Treibscheibengrößen, und es kommt also in diesem Fall nur ein i-Wert in Betracht. Bezeichnet D_1, wie vorher, den kleinsten Durchmesser, dann erfolgt die Konstruktion des Diagrammes zunächst durch das Festlegen des Schnittpunktes A', der das bekannte Wertepaar D_1 und n_2 bezeichnet. Die Hyperbel durch A' schneidet in A die Horizontale durch v_1, und hierdurch ergibt sich der in diesem Fall als allein vorkommende i-Wert, nämlich i_2. Aus diesem Wert ergeben sich nun die Schnittpunkte B, C und D, die zu den Schnittpunkten B', C' und D' sowie den Durchmessern D_2, D_3 und D_4 führen.

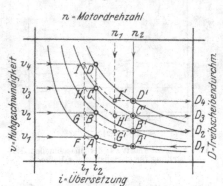

Abb. 83. Alternative II der maschinellen Einstellung für arithmetische v-Reihe.

Die Beziehung D_{max}/D_{min} hängt hier von v_{max}/v_{min} ab, und weist in der Regel einen bedeutend höheren Wert auf wie im vorigen Fall. Nehmen wir beispielsweise die in der Praxis vorkommenden Werte

$v_1 = 0{,}75$, $v_2 = 1{,}0$, $v_3 = 1{,}25$ und $v_4 = 1{,}5$ m/sek., dann ist

$$\frac{v_{max}}{v_{min}} = \frac{1{,}50}{0{,}75} = 2 = \frac{D_{max}}{D_{min}}.$$

Hieraus ersieht man, daß Alternative I vorzuziehen ist.

Es läßt sich auch eine dritte Lösung finden, die aus den Alternativen I und II hervorgeht. Nomographisch ist diese Lösung in Abb. 84 gezeigt, und als Alternative III bezeichnet. Wie vorher, geht man bei der Konstruktion des Diagrammes von D_1 aus. Die entsprechende Scharlinie bildet mit der n_2-Vertikale den Schnittpunkt A', und die entsprechende Hyperbel schneidet in A und B die Scharlinien v_1 und v_2, woraus sich die Werte i_3 und i_2 ergeben. Der weitere Aufbau läßt sich auf verschiedene Weise ausführen — in dem vor-

liegenden Fall ist i_2 ebenfalls für die Geschwindigkeit v_3 gewählt. Hierdurch entsteht der Schnittpunkt C, ferner D und C', die auf der durch C gezogenen Hyperbel liegen, und die zu den Werten i_1 und D_2 führen. Die Einstellung für v_1, v_2, v_3 und v_4 erfolgt also hier durch drei verschiedene Übersetzungen i_1, i_2 und i_3 in Verbindung mit den beiden Durchmessern D_1 und D_2.

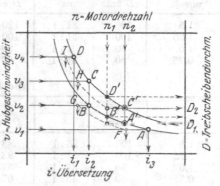

Abb. 84. Alternative III der maschinellen Einstellung für arithmetische v-Reihe.

Kommt in diesem Fall eine zweite Drehzahl, etwa n_1, in Betracht, dann erfordert sie entweder zwei neue Treibscheibengrößen, die von B' und D' zu bestimmen sind, oder drei neue Schneckengetriebe, deren Werte von den Schnittpunkten F, G bzw. H, und I abzulesen sind. In dieser Hinsicht steht also Alternative III bedeutend hinter den Alternativen I und II zurück, und daß dem so ist, zeigt sich noch deutlicher, je größer die Anzahl der in Betracht kommenden n-Werte ist. Obgleich Alternative III den Alternativen I und II gegenüber erhebliche Nachteile aufweist, ist es doch von besonderem Interesse festzustellen, daß gerade diese Alternative in der Praxis am meisten vorkommt. Dieser Vorfall läßt sich nur dadurch erklären, daß dieses Problem bis jetzt scheinbar keiner genauen Analyse unterworfen wurde.

Beispiel 22. Welche Treibscheibengrößen und Schneckengetriebe sind erforderlich für das Einstellen einer Aufzugsmaschine für 1,5, 1,25, 1,0 und 0,75 m/sek. Hubgeschwindigkeit unter Berücksichtigung einer Motordrehzahl von 750, 900 und 1000 pro min? Als Mindestdurchmesser der Treibscheibe kommt 60 cm in Betracht.

Die verschiedenen Lösungen dieser Aufgabe sind in nachstehenden Tabellen aufgestellt, von denen Tabelle 5 die Alternative I (Abb. 82), Tabelle 6 die Alternative II (Abb. 83) und 7 und 8 die Alternative III (Abb. 84) in zwei Ausführungen enthalten.

Tabelle 5.

v m/sek.	$n = 750$		$n = 900$		$n = 1000$	
	D cm	i	D cm	i	D cm	i
1,5	80	21 : 1	67	21 : 1	60	21 : 1
1,25	80	25 : 1	67	25 : 1	60	25 : 1
1,0	80	31 : 1	67	31 : 1	60	31 : 1
0,75	80	42 : 1	67	42 : 1	60	42 : 1

Tabelle 6.

v m/sek.	$n = 750$		$n = 900$		$n = 1000$	
	D cm	i	D cm	i	D cm	i
1,5	120	31 : 1	120	37 : 1	120	42 : 1
1,25	100	31 : 1	100	37 : 1	100	42 : 1
1,0	80	31 : 1	80	37 : 1	80	42 : 1
0,75	60	31 : 1	60	37 : 1	60	42 : 1

Tabelle 7.

v m/sek.	$n = 750$		$n = 900$		$n = 1000$	
	D cm	i	D cm	i	D cm	i
1,5	100	26 : 1	83	26 : 1	74	26 : 1
1,25	100	31 : 1	83	31 : 1	74	31 : 1
1,0	80	31 : 1	67	31 : 1	60	31 : 1
0,75	80	42 : 1	67	42 : 1	60	42 : 1

Tabelle 8.

v m/sek.	$n = 750$		$n = 900$		$n = 1000$	
	D cm	i	D cm	i	D cm	i
1,5	74	19 : 1	74	23 : 1	74	26 : 1
1,25	74	23 : 1	74	28 : 1	74	31 : 1
1,0	60	23 : 1	60	28 : 1	60	31 : 1
0,75	60	31 : 1	60	37 : 1	60	42 : 1

Das Ergebnis zeigt als erforderlich:

laut Alternative I: . . . . . 3 D und 4 i
   „   „   II: . . . . . 4 D „ 3 i
   „   ,   III, Ausf. 1: . 6 D „ 3 i
   „   „   III, Ausf. 2: . 2 D „ 7 i

In dem letzten Fall beruht es nur auf Zufall, daß die Zahl der Schneckengetriebe sich auf 7 statt 9 beläuft, ein Vorkommnis, welches auf das hier bestehende Verhältnis der Drehzahlen zurückzuführen ist. Ein Vergleich zwischen den Tabellen bestätigt den Vorzug der Alternative I, wie vorher angedeutet, und Tabelle 5 enthält somit die beste Lösung der vorliegenden Aufgabe.

46. Die geometrische Anordnung der Geschwindigkeitszahlen und ihre Vorteile. Wenn man im Aufzugsbau von einem genormten

Schneckengetriebe spricht, dann versteht man darunter das Vorhandensein einer einzigen Rad- und einer einzigen Schneckengröße, die für sämtliche Übersetzungen i_1, i_2, i_3, i_4 usw. der Maschine in Anspruch genommen wird. Dabei darf man nicht vergessen, daß man diesen gemeinsamen Durchmesser nur auf Kosten einer geringeren Materialausnutzung erreicht und zwar in den Zahnrädern, welche die kleinere Zahnzahl aufweisen. Der Teilungsmodul muß nämlich hier etwas größer als erforderlich gewählt werden, und infolgedessen wird der Zahn etwas stärker als für die vorhandene Belastung nötig. Diese geringere Materialausnutzung wird desto kleiner, je größer der Unterschied der in Betracht kommenden Zahnzahlen ist.

Es liegt also in unserem Interesse die für eine gegebene Übersetzungsreihe i_1, i_2, i_3, i_4 usw. erforderlichen Zahnzahlen binnen Grenzen zu halten, die einander so nahe wie möglich liegen, welches sich durch die Einführung von mehrgängigen Getrieben bewerkstelligen läßt. Dadurch wird auch der Vorteil erreicht, daß der Unterschied in den Zahnabmessungen auf ein Minimum heruntergebracht wird; folglich arbeiten

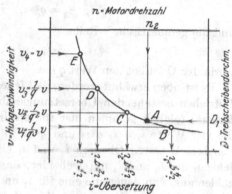

Abb. 85. Alternative I (Abb. 82) mit geometrischer v-Reihe.

sämtliche Räder unter ziemlich gleichen Eingriffsverhältnissen, was für ein und dieselbe Maschine von größter Bedeutung ist.

Nehmen wir beispielsweise an, daß die in Abb. 82 vorkommende Übersetzungsreihe i_1, i_2, i_3 und i_4 aus eingängigen Getrieben besteht, dann erfordert jedes Glied in dieser Reihe eine bestimmte Zahnzahl, die sich in eine mathematische Reihe eingliedern läßt, deren Aufbau von dem Charakter der Geschwindigkeitsreihe abhängig ist. In dem vorliegenden Fall sind die v-Werte nach einer arithmetischen Reihe, erster Ordnung, angeordnet, was aus dem gleichen Abständen dieser Werte (Abb. 82) hervorgeht. Die i-Werte gliedern sich ebenfalls einer arithmetischen Reihe an, jedoch höherer Ordnung. Nur in dem Fall, daß die v-Reihe eine geometrische ist, bekommt man eine ähnliche Reihe für die i-Werte.

Eine derartige geometrische Reihenanordnung der v-Werte ist in Abb. 85 gezeigt. Bezeichnet v das Anfangsglied und $1/q$ den Quotienten der Reihe, ferner, ist

$$v_4 = v, \quad v_3 = \frac{1}{q} \cdot v, \quad v_2 = \frac{1}{q^2} \cdot v \text{ usw.}$$

dann lautet die Reihe

$$v, \quad \frac{1}{q}\cdot v, \quad \frac{1}{q^2}\cdot v, \quad \frac{1}{q^3}\cdot v, \quad \frac{1}{q^4}\cdot v, \quad \frac{1}{q^5}\cdot v \;\; \text{usw.}$$

Da sämtliche Punkte B, C, D und E auf einer Hyperbel liegen, besteht die Beziehung

$$v_4 \cdot i_1 = v_3 \cdot i_2 = v_2 \cdot i_3 = v_1 \cdot i_4$$

oder

$$v\cdot i_1 = \frac{1}{q}\cdot v\cdot i_2 = \frac{1}{q^2}\cdot v\cdot i_3 = \frac{1}{q^3}\cdot v\cdot i_4.$$

Setzt man hier $i_1 = i$, dann ist

$$i_2 = q\cdot i, \quad i_3 = q^2\cdot i, \quad i_4 = q^3\cdot i \;\; \text{usw.}$$

und die geometrische i-Reihe

$$i, \quad q\cdot i, \quad q^2\cdot i, \quad q^3\cdot i, \quad q^4\cdot i \;\; \text{usw.}$$

worin der Quotient den Wert q hat.

Es ist oben erwähnt worden, daß jedes Glied in einer aus eingängigen Getrieben bestehenden Übersetzungsreihe eine bestimmte Zahnzahl erfordert; folglich kommen hier für die in Abb. 85 eingetragene i-Reihe die vier Werte i, $q\cdot i$, $q^2\cdot i$ und $q^3\cdot i$ in Betracht. Geben wir dagegen den beiden ersten Gliedern i_1 und i_2 eine Gangzahl, die sich von derjenigen der i_3 und i_4 unterscheidet, dann kommen wir mit zwei Zahnzahlen aus, von denen die eine für i_1 und i_3, die andere für i_2 und i_4 gemeinsam ist. Der Unterschied dieser Zahlen ist dem Quotienten q gleich, dessen Wert von den in Betracht kommenden Gangzahlen abhängig ist. Wählen wir z. B. für i_1 und i_2 zweigängige, für i_3 und i_4 eingängige Getriebe, dann ist

$$2\cdot i_1 = i_3 \quad \text{oder} \quad 2\cdot i = q^2\cdot i$$

sowie

$$2\cdot i_2 = i_4 \quad \text{oder} \quad 2\cdot q\cdot i = q^3\cdot i$$

woraus

$$q = \sqrt{2}.$$

Sind wiederum die Getriebe für i_1 und i_2 dreigängige, für i_3 und i_4 wie vorher eingängige, dann ist

$$3\cdot i_1 = i_3 \quad \text{oder} \quad 3\cdot i = q^2\cdot i$$

und

$$3\cdot i_2 = i_4 \quad \text{oder} \quad 3\cdot q\cdot i = q^3\cdot i$$

woraus

$$q = \sqrt{3}.$$

In dieser Weise lassen sich die einzelnen Glieder der i-Reihe verschiedenartig kombinieren, und jedesmal ergibt sich ein bestimmter q-Wert, der für die v-Reihe in Betracht kommen könnte. Sind z. B. die

Getriebe für i_1 und i_2 dreigängige, für i_3 und i_4 zweigängige, dann ist

$$3 \cdot i_1 = 2 \cdot i_3 \quad \text{oder} \quad 3 \cdot i = 2 \cdot q^2 \cdot i$$

und

$$3 \cdot i_2 = 2 \cdot i_4 \quad \text{oder} \quad 3 \cdot q \cdot i = 2 \cdot q^3 \cdot i$$

daher

$$q = \sqrt{\frac{3}{2}}.$$

Ob man sich für den einen oder den anderen Wert entschließt, hängt in erster Linie von den erforderlichen Geschwindigkeitszahlen ab.

Es bedarf keiner besonderen Erörterung, um einzusehen, daß in den Fällen, wo die i-Reihe, wie oben, ausschließlich aus mehrgängigen Getrieben besteht, sie durch Angliederung von eingängigen Getrieben i_5 und i_6 erweitert werden kann, deren Zahnzahl mit den bereits festliegenden übereinstimmt. In dem angeführten Fall beträgt dann die Zahnzahl

$$3 \cdot i \quad \text{für die Glieder } i_1,\ i_3 \quad \text{und} \quad i_5$$

und

$$3 \cdot q \cdot i \quad \text{für die Glieder } i_2,\ i_4 \quad \text{und} \quad i_6.$$

Der Quotient q bildet hier den Unterschied zwischen diesen beiden Zahnzahlen, und für sämtliche Getriebe kommt nur eine Schneckenrad- und eine Schneckengröße in Betracht.

Beispiel 23. Welches ist die wirtschaftlichste Wahl von Treibscheiben und Schneckengetrieben für $v = 1,0$, 1,25, 1,5 und 1,75 m/sek. unter Berücksichtigung einer Motordrehzahl/min von 750, 900 und 1000? Als Mindestdurchmesser der Treibscheibe ist 60 cm anzusehen.

Nach Alternative I, die uns die beste Lösung gewährt, kommt für jeden v-Wert eine bestimmte Übersetzung und für jede Drehzahl eine bestimmte Treibscheibe in Betracht. Demgemäß ergibt sich zunächst:

$$\text{für } n = 1000 \text{ Umdr./min} \ldots \ldots D = 60 \text{ cm}$$
$$\text{,, } \ n = \ 900 \quad \text{,,} \quad \ldots \ldots D = 67 \text{ ,,}$$
$$\text{,, } \ n = \ 750 \quad \text{,,} \quad \ldots \ldots D = 80 \text{ ,,}$$

Ferner, wählen wir als Quotienten den oben ermittelten Wert $q = \sqrt{\dfrac{3}{2}}$, dann erhält man die geometrische v-Reihe

$$1,0, \qquad 1,225, \qquad 1,5, \qquad 1,84 \text{ m/sek.}$$

die unbedeutend von der obigen arithmetischen abweicht. Von diesen Werten ausgehend, ermittelt man die folgenden i-Werte:

für $v =$	1,0	1,225	1,5	1,84	m/sek.
$i =$	$31\frac{1}{2}{:}1$	$25\frac{1}{2}{:}1$	$21{:}1$	$17{:}1$	

von denen die beiden ersten als zweigängige, die beiden letzten als dreigängige auszuführen sind. Als eingängige können diese Schneckenräder für $v = 0,5$ und 0,6 m/sek. verwendet werden. Der Übersichtlichkeit wegen ist das Ergebnis nach Abrundung der v-Werte nachstehend zusammengestellt:

Tabelle 9.

v m/sek.	Treibscheibendurchmesser			Schneckengetriebe		
	$n = 750$	$n = 900$	$n = 1000$	i	Gangzahl	Zahnzahl
1,85	80	67	60	17:1	3	51
1,5	80	67	60	21:1	3	63
1,2	80	67	60	$25^1/_2$:1	2	51
1,0	80	67	60	$31^1/_2$:1	2	63
0,6	80	67	60	51:1	1	51
0,5	80	67	60	63:1	1	63

Mit Rücksicht auf die Normung ist das Schneckenrad nur in einer Größe herzustellen, wobei der Teilungsmodul in dem Rad mit 51 Zähnen etwas größer als erforderlich gewählt werden muß.

47. Graphischer Aufbau von Maschinen- und Motorenreihen. Die geometrische Anordnung der Geschwindigkeitszahlen beeinflußt in keiner Weise die Art der Maschinen- und Motorenreihen, sondern kann

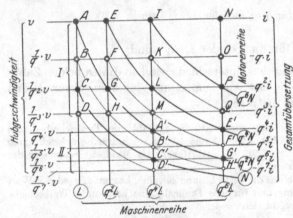

hierfür, dem Charakter des Leistungsfeldes gemäß, irgendeine mathematische Reihe gewählt werden. Führt die Untersuchung des Leistungsfeldes zu Abstufungen, die in einem konstanten Verhältnis zu einander stehen, ist eine geometrische Reihe am Platze; ist es dagegen aus dem Leistungsfeld

Abb. 86. Aufbau von Maschinen- und Motorenreihen,
v, L und N geometrische Reihen,
I: mit Schneckengetriebe,
II: mit Schnecken- und Stirnradgetrieben.

deutlich zu erkennen, daß dieses Verhältnis sich ändert, dann muß man seine Zuflucht zu einer anderen Reihenart nehmen. Unter diesen Reihen nehmen die höheren arithmetischen einen Vorzugsplatz ein, da sich für die wirtschaftliche Typung am besten solch mathematische Reihen eignen, die eine besondere Anpassungsfähigkeit oder „Biegsamkeit" aufweisen[1]. In den Abb. 86 und 87 sind die L- und N-Größen einander geometrisch angegliedert, in Abb. 88 dagegen kommt eine höhere arithmetische Reihe zur Verwendung.

In den drei Tafeln — Abb. 86, 87 und 88 — stellen die Leistungen

---

[1] Vgl. Hellborn: „Über die Grundlage der Typung und die Wahl der Abstufungsreihen", Technik und Wirtschaft 1925, S. 309.

A, B, C und D, sowie E, F, G und H usw. die Grenzleistungen mehrerer nacheinander angegliederten Maschinengrößen dar. Diese Leistungen gehören sämtlich der Ausführung I an, die hier durch ein Vorgelege in Form eines Schneckengetriebes charakterisiert ist. Das Einstellen für die geometrisch angeordneten Geschwindigkeitszahlen erfolgt durch die vier Übersetzungen

$$i, \quad q \cdot i, \quad q^2 \cdot i \quad \text{und} \quad q^3 \cdot i$$

die ebenfalls eine geometrische Reihe bilden.

Denkt man sich nun die Last durch das Anbringen einer losen Rolle für die Aufhängung der Kabine auf zwei Seilstränge verteilt, dann erhält man die in Abb. 87 eingetragenen Leistungen A', B', C', D', ferner E', F', G', H' usw. Demgemäß lautet die v-Reihe für diese Maschinenausführung

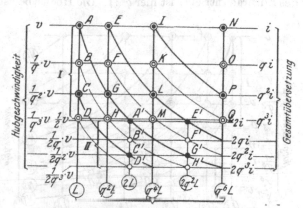

Abb. 87.　Aufbau von Maschinen- und Motorenreihen.
v, L und N geometrische Reihen,
I: mit Schneckengetriebe,
II: mit Schneckengetriebe und Kabinenaufhängung 2:1.

$$\frac{1}{2} \cdot v, \quad \frac{1}{2q} \cdot v, \quad \frac{1}{2q^2} \cdot v \quad \text{und} \quad \frac{1}{2q^3} \cdot v$$

und die entsprechende i-Reihe

$$2\,i, \quad 2\,qi, \quad 2\,q^2 i \quad \text{und} \quad 2\,q^3 i.$$

Denkt man sich dagegen jede Maschinengröße mit einem zweiten Vorgelege, etwa einem Stirnradantrieb, versehen, dann ergibt sich die Ausführung, die in den Abb. 86 und 88 durch die Leistungen A', B', C' und D', ferner E', F', G' und H' gekennzeichnet ist. Die zugehörigen v-Werte sind hier

$$\frac{1}{q^4} \cdot v, \quad \frac{1}{q^5} \cdot v, \quad \frac{1}{q^6} \cdot v \quad \text{und} \quad \frac{1}{q^7} \cdot v$$

und ein Vergleich mit dem ersten Teil dieser Reihe läßt sofort den Unterschied durch den Quotienten $\frac{1}{q^4}$ erkennen. Für Ausführung II kommt also hier ein Stirnradantrieb in Betracht, dessen Übersetzung gleich $q^4 : 1$ ist. Bezeichnet L die Höchstbelastung der Maschinenausführung I, dann gibt $q^4 \cdot L$ die Höchstlast der Ausführung II an. Die Leistungen fallen paarweise auf dieselben Hyperbeln, wie A und A', B und B', C und C' usw.; folglich beansprucht z. B. A' denselben Motor wie A usw.

9*

Selbstverständlich hätte man auch für Ausführung II einen anderen
Teil der v-Reihe wählen können, etwa

$$\frac{1}{q^3} \cdot v, \; \frac{1}{q^4} \cdot v, \; \frac{1}{q^5} \cdot v \text{ und } \cdot \frac{1}{q^6} \cdot v.$$

Vergleicht man diese Reihenglieder mit den Anfangswerten der Reihe,
dann ist der Unterschied in diesem Fall nur $\frac{1}{q^3}$, d. h. die Übersetzung
des Stirnradantriebes ist hier $q^3 : 1$. Die Höchstbelastung der Ausführung
II ist dann gleich-
zeitig auf $q^3 \cdot L$ heruntergegangen.

In den Abb. 86
und 87 ist als Quo-
tient der L- und
N-Reihen der
Wert q^2 gewählt,
und hieraus er-
klärt sich auch die
Regelmäßigkeit,
die diese Diagram-
me der Abb. 88
gegenüber aufwei-
sen. Der gra-
phische Aufbau
erfolgt zunächst
durch das Fest-

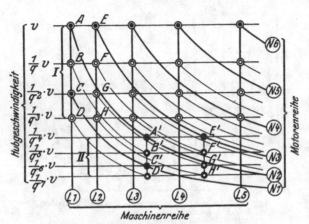

Abb. 88. Aufbau von Maschinen- und Motorenreihen,
v geometrische, L und N arithmetische Reihen,
I: mit Schneckengetriebe,
II: mit Schnecken- und Stirnradgetrieben.

legen des Schnittpunktes G, der sich auf der Wagerechten durch C und
auf der Hyperbel durch A befindet. Der Reihe nach wird dann die
Lage der Punkte E, L, I, P usw. bestimmt. Hinsichtlich der Nutzlast L ergibt sich nun die folgende geometrische Maschinenreihe

$$L, \; q^2 \cdot L, \; q^4 \cdot L, \; q^6 \cdot L, \; q^8 \cdot L \text{ usw.}$$

und hinsichtlich der Leistung N die ebenfalls geometrische Motorenreihe
gleichen Quotienten

$$N, \; q^2 \cdot N, \; q^4 \cdot N, \; q^6 \cdot N, \; q^8 \cdot N \text{ usw.}$$

C. Normungsbeispiele.

48. Rillennormung und die dabei zu befolgenden Richtlinien. Den
Ausgangspunkt dieser Normung bilden die Werte des statischen Spannungsverhältnisses $\frac{S}{S}$. Wie die Praxis zeigt, liegen diese Werte im allgemeinen zwischen 1,25 und 1,65, und es genügt somit bei der Rillennormung diesen Zahlenbereich zu berücksichtigen. Nun ist das für einen

bestimmten $\frac{S}{S}$-Wert in Betracht kommende Rillenprofil von der Betriebsgeschwindigkeit insofern abhängig, daß je höher sie ist, desto
größer muß die Treibfähigkeit der Rille sein um ein Seilgleiten zu verhindern. Verbindet man also in einem Koordinatensystem, wo die
Abszissen die $\frac{S}{S}$-Werte und die Ordinaten die v-Werte bezeichnen, sämtliche Punkte die das gleiche Rillenprofil beanspruchen, dann erhält man
eine Kurve $A — C$ (Abb. 89), die den Verwendungsbereich der einschlägigen Rillenform — in diesem Fall durch den Zentriwinkel α_2
gekennzeichnet — abgrenzt. Trägt man mehrere solche Kurven wie α_1,
α_3 usw. ein, so merkt man sofort den
Einfluß, den die Betriebsgeschwindigkeit
auf die Rillenwahl hat. Betrachtet man
z. B. die beiden Punkte A und B, die auf
derselben $\frac{S}{S}$-Vertikale liegen, so findet
man, daß Punkt A auf Grund der höhe-
ren Geschwindigkeit v'' einer Rille be-
nötigt, die über eine größere Übertra-
gungskraft verfügt als Rille α_1, die hier
für Punkt B, der Geschwindigkeit v'
entsprechend, in Betracht kommt.

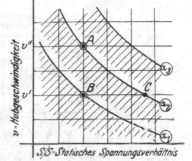

Abb. 89. Verwendungsbereich genorm-
ter Rillenprofile.

Nehmen wir nun an, daß Abb. 89
gerade das für die Normung beabsich-
tigte Feld enthält, dann vollzieht dieselbe sich graphisch durch das
wirtschaftliche Zerlegen dieses Feldes in Gebiete, welche die Ver-
wendungsbereiche der in Betracht kommenden genormten Rillen darstellen. In Abb. 89 sind drei Kurven eingetragen, von denen jede den
Bereich eines bestimmten Rillenprofils abgrenzt. Je nach dem Charakter
des $\frac{S}{S}$-Feldes, welches auf •Grund seiner Abhängigkeit von der Hubgeschwindigkeit das betreffende Leistungsfeld mehr oder weniger ab-
spiegelt, fällt die Wahl der genormten Rillenprofile verschiedentlich aus,
und aus dem Grunde läßt sich ein allgemeingültiges Normungsergebnis
schwer aufstellen. Statt dessen werden nachstehend an Hand von Erfahrungen aus der Praxis Richtlinien gegeben, wie hier den Normungs-
bestrebungen Rechnung getragen werden kann.

Das in Abb. 89 gezeigte Diagramm ist in dem Nomogramm — Abb. 46
— enthalten. Die Paarleiter $\left(\frac{S}{S}, v\right)$ bildet nämlich hier ein schiefwink-
liges Bezugssystem mit ungleichmäßigen Skalen für die beiden Veränderlichen $\left(\frac{S}{S}\right)$ und (v). In dieses Koordinatensystem eingetragen,
treten die Kurven in Abb. 89 als Geraden auf, die senkrecht über die

Paarleiter verlaufen. Eine derartige Senkrechte schneidet die Überbrückungslinie in B, und die durch diesen Punkt gehende Rechenlinie
bildet mit den verschiedenen β-Werten Schnittpunkte, von welchen
die gesuchten α-Werte abzulesen sind. Die Senkrechte durch B verbindet also sämtliche $\left(\dfrac{S}{S}\right)$-Werte, welche die gleiche Rillenform für einen
gewählten β-Wert beanspruchen.

Abb. 90, die eine Normungstafel für Rillenprofile darstellt, zeigt
in graphischer Form eine Lösung des vorliegenden Normungsproblems,
die sich für amerikanische Verhältnisse besonders bewährt hat. Es
kommen hier vier verschiedene Rillenprofile in Betracht, von denen
zwei der halbrunden, unterschnittenen und zwei der keilförmigen Rillentype angehören.
Der Zentriwinkel des Unterschnittes der bei-den ersteren Rillen hat den Wert $\alpha = 95^0$
bzw. 105^0, und der Klemmwinkel der bei-den letzteren beläuft sich auf 30^0 bzw. 22^0.
Die 22^0 Rille kommt hauptsächlich für lang-sam fahrende ($v \leqq 0{,}75$ m/sek.) Lastenaufzüge
für aussetzenden Ver-kehr in Betracht, wo der Fahrkorb so große Abmessungen hat, daß
der Umschlingungs-winkel β ziemlich klein ausfällt, bisweilen so-gar unter 135^0.

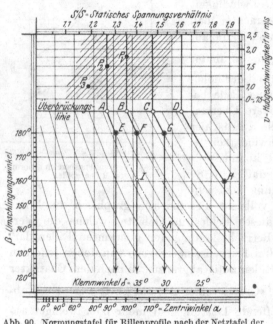

Abb. 90. Normungstafel für Rillenprofile nach der Netztafel der
Abb. 46.

Den genormten Rillen entsprechend erhält man in dem Diagramm
die vier durch E, F, G und H gehenden Vertikalen. Wünscht man nun
für einen bestimmten β-Wert, etwa 180^0, den Verwendungsbereich
einer dieser Rillen zu ermitteln, dann erfolgt dieses z. B. für die 105^0
unterschnittene Rille zunächst durch das Festlegen der Schnittpunkte F
und B. Von diesen definiert F das Wertepaar ($\alpha = 105^0$, $\beta = 180^0$),
und B bildet den Schnittpunkt der Rechenlinie durch F mit der Überbrückungslinie. Die Vertikale durch B bildet nun die gesuchte Begren-

zungslinie, d. h. für sämtliche Werte, die entweder auf dieser Linie, wie P_1, oder links davon, wie P_2 und P_3 liegen, kann die 105 ° unterschnittene Rille für $\beta = 180$ ° verwendet werden. Hier bezeichnet

$$P_1 \text{ das Wertepaar } \left(\frac{S}{S} = 1{,}45, \quad v = 1{,}75 \text{ m/sek.}\right)$$

$$P_2 \quad \text{,,} \quad \text{,,} \quad \left(\frac{S}{S} = 1{,}40, \quad v = 1{,}5 \quad \text{,,} \quad\right)$$

$$P_3 \quad \text{,,} \quad \text{,,} \quad \left(\frac{S}{S} = 1{,}40, \quad v = 1{,}0 \quad \text{,,} \quad\right).$$

Die Lage von P_2 ist absichtlich so gewählt, daß dieser Punkt auf die Grenzlinie der 95 ° Rille für den gleichen β-Wert, d. h. 180 °, fällt. Infolgedessen kann man diese Rille für das durch P_2 definierte Wertepaar ebenfalls verwenden, und ist sie hier zu bevorzugen, da sie dem Seil eine größere Auflagefläche bietet. Punkt P_3 fällt gleichfalls in den Bereich dieser Rille, und es bleibt die für die 105° Rille nur der Teil des $\frac{S}{S}$-Feldes übrig, der sich zwischen den beiden vertikalen Begrenzungslinien durch A und B befindet. In gleicher Weise kommt als Verwendungsbereich der 30 ° keilförmigen Rille für $\beta = 180$° nur das zwischen den beiden durch B und C gehenden Vertikalen befindliche Feld in Betracht. Der restierende Teil fällt in den Bereich der 22 ° keilförmigen Rille sogar für $\beta = 160$ °, wie aus dem Diagramm zu sehen ist.

Beispiel 24. Für einen geplanten Aufzug, dessen Hubgeschwindigkeit 1,5 m/sek. beträgt, berechnet sich das statische Spannungsverhältnis zu $\frac{S}{S} = 1{,}4$.

Es fragt sich nun, wie klein der Umschlingungswinkel β gehalten werden kann ohne zu befürchten, daß die Treibscheibe mit einer keilförmigen Rille versehen werden muß? Nur die oben genormten Rillentypen kommen hierbei in Betracht.

Unter Hinweis auf Abb. 90 ergibt sich die Lösung der vorliegenden Aufgabe folgendermaßen:

Das hier in Frage kommende Wertepaar $\left(\frac{S}{S}, v\right)$ ist durch P_2 geometrisch festgelegt. Die Vertikale durch diesen Punkt schneidet in A die Überbrückungslinie, und die hyperbolische Rechenlinie durch A bildet mit den beiden α-Vertikalen, die hier in Betracht kommen können, die Schnittpunkte E und I. Von diesen weist I auf den kleinsten Umschlingungswinkel hin, oder $\beta_{min} = 160$ °. Die Treibscheibe muß dann mit einer unterschnittenen Rille versehen sein, deren Zentriwinkel 105 ° ist.

Es kann hier von Interesse sein auf die Bedeutung des Schnittpunktes K hinzuweisen. Er besagt nämlich, daß bei Verwendung einer 30° keilförmigen Rille ein Umschlingungswinkel von ca. 140° genügt.

49. Die Rillenzahl und deren Wahl mit Rücksicht auf die Normung.

Stellen wir uns eine Reihe von Aufzügen — beispielsweise mit direkter Kabinenaufhängung — vor, die sämtlich mit 6 $^5/_8$''-Seilen versehen sind, jedoch für verschiedene Hubgeschwindigkeiten wie v_1, v_2, v_3 usw. eingestellt, dann können diese Aufzüge verschiedentlich belastet werden, obwohl die Maschinen sowie die Treibscheiben überall die gleichen Größen aufweisen. Diese Erscheinung hängt mit dem zulässigen Flächendruck zwischen Seil und Rille zusammen, dessen Größe mit abnehmender Seilgeschwindigkeit zunimmt (vgl. Abb. 39).

Trägt man die Gesamtbelastungen als Abszissen in ein Koordinatensystem ein, dessen Ordinaten die Seilgeschwindigkeit bildet, dann läßt sich hier eine Kurvenschar einzeichnen, worin jede Kurve den Verwendungsbereich einer bestimmten Seilgröße und Seilzahl abgrenzt (Abb. 91 und 92). Gibt z. B. eine der Kurven die Belastungsgrenzwerte eines Zugorgans an, das aus 4 $^5/_8''$-Seilen besteht, dann läßt es sich denken, daß eine andere Kurve die Grenzwerte von 5 $^5/_8''$-Seilen usw. usw. festlegt. Vermittelst dieses Diagrammes läßt sich das Verwendungsgebiet eines gewählten Zugorgans leicht überblicken, und man hat in seiner

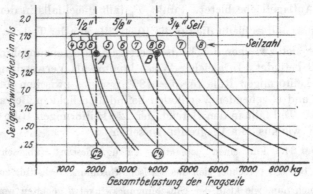

Abb. 91. Seildiagramm für Personenaufzüge (Klasse 2) nach Daten für 105° unterschnittene Rillen.

Hand ein Mittel, das für die diesbezügliche Normung von größtem Wert ist. Wie die Kurven aus dem Nomogramm (Abb. 47) zu ermitteln sind, ist bereits in Beispiel 11 gezeigt; ebenfalls ist dort auf den Einfluß der Grunddaten auf die sich ergebende Kurvenlage hingewiesen.

Zeichnet man in dieses Diagramm die Begrenzungslinie einer Maschine ein, dann schneidet sie durch ihre vertikale Lage eine Anzahl von Kurven und jeder Schnittpunkt gibt die maximale Seilgeschwindigkeit an, für die das betreffende Zugorgan für die angegebene Belastung in Betracht kommen kann. Bezeichnet ein solcher Schnittpunkt gleichzeitig die Höchstleistung der Maschine, dann erhält die Treibscheibe die Rillengröße und Rillenzahl, welche durch die Kurve angegeben ist. Für jede andere Leistung kommt stets dieselbe Seilgröße in Betracht, die Seilzahl dagegen fällt je nach den Grundbedingungen verschieden aus.

Nun ändert sich der zwischen Seil und Rille zulässige Flächendruck nicht allein mit der Seilgeschwindigkeit, sondern er weist für jede der

verschiedenen Klassen, worin die Aufzüge dem Verwendungszweck
gemäß sich aufteilen lassen, ebenfalls andere Werte auf (vgl. Abb. 39).
Eine Folge hiervon ist, daß die besprochene Kurvenschar keine definitive
Lage in dem Bezugssystem hat, sondern sie nimmt für jede Klasse einen
anderen Platz ein. Basiert sich z. B. unsere Kurvenschar auf Druckwerte, die für Personenaufzüge mit aussetzendem Verkehr — Klasse 2 —
zulässig sind, dann verschiebt sich die Kurvenschar nach links für
Klasse 1, dagegen nach rechts für Klasse 3, und noch weiter nach rechts
für Klasse 4, d. h. für langsam laufende und wenig benutzte Lastenaufzüge.

Wünscht man also der Normung wegen die maximale Rillenzahl
festzustellen, die der Konstruktion der Treibscheibe zugrunde liegen
soll, dann muß man sich zunächst klar machen, ob die betreffende Ma-

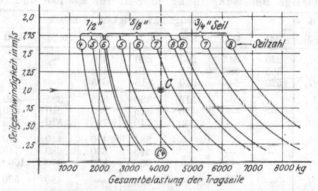

Abb. 9z. Seildiagramm für Lastenaufzüge (Klasse 3) nach Daten für 105° unterschnittene Rillen.

schine für Klasse 1, 2, 3 oder 4 hauptsächlich Verwendung findet. Diese
Klassen nehmen nämlich ziemlich definierbare Gebiete des Leistungsfeldes ein; z. B. findet man Klasse 1 in dem Feld, welches sich durch
$v = 1{,}5$ bis $2{,}0$ m/sek. und die Nutzlast $L = 1000$ bis 1500 kg abgrenzen
läßt. Kommt die betreffende Maschine in der gleichen Ausführung für
mehrere Klassen in Betracht, dann muß eben die Rillenzahl aus der
Kurvenschar hervorgehen, die aus den niedrigsten Druckwerten stammt.
Ist z. B. eine Maschine, die mit Schnecken- und Stirnradvorgelegen versehen ist, für die Klassen 3 und 4 zu verwenden, dann wird die Rillenzahl nach der Kurvenschar der Klasse 3 bestimmt.

In Tabelle 10 sind Werte der zulässigen Belastung je Seil für $^1/_2{''}$,
$^5/_8{''}$ und $^3/_4{''}$-Seile zusammengestellt, die dem Nomogramm in Abb. 47
direkt entnommen sind. Diese Werte sind für unterschnittene, halbrunde Rillen mit einem Zentriwinkel von 105° ermittelt, ferner ist als
Durchmesser der Treibscheibe der kleinst zulässige Wert für jede Seilgröße gewählt. Die in dieser Tabelle enthaltenen Daten der Klassen 2

und 3 bilden die Grundlage für die Auftragung der in den Abb. 91 und 92 gezeigten Kurvenscharen, welche die zulässige Belastung der im allgemeinen vorkommenden Kombinationen von Seilgröße und Seilzahl darstellen.

Dadurch, daß man bei der Bestimmung der Rillenzahl von derjenigen unter den genormten Rillen ausgeht, die den größten Zentriwinkel aufweist, hat man die Garantie, daß die Treibscheiben stets über eine für alle Fälle hinreichende Rillenzahl verfügen. Die beiden Diagramme finden ebenfalls für keilförmige Rillen mit einem Klemmwinkel $\delta \leq 35^0$ Verwendung, da, wie bereits in Abschnitt 27 erwähnt, die hier erforderliche Seilzahl, ganz abgesehen von der Größe des Klemmwinkels, derjenigen der 105^0 unterschnittenen Rille gleichkommt.

Tabelle 10.
Zulässige Belastung in kg je Seil für $\alpha = 105^0$ und D_{min}.

Klasse	d engl. Zoll	Seilgeschwindigkeit in m/sek.							
		2,0	1,75	1,50	1,25	1,00	0,75	0,50	0,25
1	$1/2$	230	245	260	280	310	—	—	—
	$5/8$	365	385	410	440	480	—	—	—
	$3/4$	520	540	570	615	675	—	—	—
2	$1/2$	—	—	315	330	355	395	450	—
	$5/8$	—	—	490	515	555	610	680	—
	$3/4$	—	—	700	740	795	870	975	—
3	$1/2$	—	—	—	385	410	440	480	540
	$5/8$	—	—	—	595	630	680	745	830
	$3/4$	—	—	—	850	900	970	1060	1180
4	$1/2$	—	—	—	—	—	480	520	570
	$5/8$	—	—	—	—	—	730	800	890
	$3/4$	—	—	—	—	—	1050	1130	1240

Beispiel 25. Es sei für eine genormte Maschinenreihe
$C\,1,\ C\,2,\ C\,3,\ C\,4,\ C\,5,\ C\,6$ usw.

die Rillenzahl zu ermitteln, die für die Konstruktion der Treibscheiben der einzelnen Maschinengrößen zugrunde gelegt werden soll. Es genügt hier, das Ergebnis für zwei der Maschinen festzustellen, z. B. für $C\,2$ (Gesamtbelastung = 2000 kg) und $C\,4$ (Gesamtbelastung = 4000 kg). Beide Maschinen kommen für Personenaufzüge — Klasse 2 — mit einer Höchstgeschwindigkeit von 1,5 m/sek. (Kabinenaufhängung 1:1) in Betracht. Außerdem wird $C\,4$ für Lastenaufzüge — Klasse 3 — mit Aufhängung 2:1 verwendet, jedoch nur für eine maximale Hubgeschwindigkeit von 0,5 m/sek.

Betrachten wir zunächst Abb. 91, dann ergeben sich A und B als Schnittpunkte zwischen den beiden Belastungsvertikalen für $C\,2$ und $C\,4$ und der Horizontale $v = 1,5$ m/sek. Aus der Lage dieser Punkte bestimmt sich nicht nur die erforderliche Rillenzahl, sondern auch die in Betracht kommende Seilgröße. Punkt A befindet sich zwar in dem Verwendungsbereich eines Zugorganes, das aus 5 $5/8''$-Seilen besteht, er liegt jedoch dem Bereich der 6 $1/2''$-Seile so nahe, daß wir in diesem Fall ohne Bedenken die Treibscheibe der $C\,2$-Maschine für maximum 6 $1/2''$-Seile konstruieren können. Wir werden nämlich hier nicht außer Acht lassen, daß Abb. 91 für eine unterschnittene Rille mit einem Zentriwinkel von 105° aufgestellt ist, ferner daß die Berechnung sich auf die Verwendung einer Treibscheibe gründet, welche mit Rücksicht auf die Seilgröße die kleinstmögliche ist. In genau gleicher Weise verhält es sich mit Punkt B, der im Bereich der 6 $^3/_4''$-Seile liegt; dessen ungeachtet, und zwar auf Grund der Punktlage, versehen wir die Treibscheibe der C 4-Maschine mit acht Rillen, die für $^5/_8''$-Seil zu bemessen sind.

Die C 4-Maschine kommt ferner für Lastenaufzüge in Betracht, deren Höchstgeschwindigkeit 0,5 m/sek. ausmacht. Da hier eine Aufhängung 2:1 vorkommt, muß man mit einer Seilgeschwindigkeit von 1,0 m/sek. rechnen, und hieraus ergibt sich die Lage des Schnittpunktes C in Abb. 92. Dieser Punkt befindet sich im Bereich der 7 $^5/_8''$-Seile, was bedeutet, daß für die C 4-Maschine als Lastenaufzug unter den gestellten Bedingungen nur 7 Seile zur Verwendung kommen.

Beispiel 26. Ist es möglich, die für 6 $^1/_2''$-Seile genormte C 2-Maschine für eine Aufzugsanlage zu verwenden, für welche die nachstehenden Daten gelten?

Hubgeschwindigkeit . . . . . $v = 2,0$ m/sek;
Statisches Spannungsverhältnis $S/S = 1,32$
Umschlingungswinkel . . . . . $\beta = 180°$
Kabinenaufhängung 1:1
Treibscheibendurchmesser . . . $D = 70$ cm
Verwendung: als Personenaufzug, Klasse 1.

Die Lösung dieses Problems erfolgt zunächst durch die Ermittlung des Rillenprofils aus dem Nomogramm in Abb. 46, und zwar durch das Festlegen der Schnittpunkte A, B und C. Von diesen definiert A das Wertepaar $\left(v = 2,0 \text{ m/sek.,} \frac{S}{S} = 1,32\right)$, B bildet den Schnittpunkt zwischen der Vertikale durch A und der Überbrückungslinie, und C den Schnittpunkt zwischen der Rechenlinie durch B und $\beta = 180°$. Von C aus erhält man die Antwort, die auf $\alpha = 95°$ lautet.

Dieser α-Wert bildet in dem Nomogramm, Abb. 47, mit $d = ^1/_2''$ den Schnittpunkt C'. Einen zweiten Schnittpunkt M erhält man aus dem Wertepaar

Seilgeschwindigkeit — Klasse 1 = 2,0 m/sek.
Treibscheiben-Durchmesser = 70 cm

und wo die Rechenlinie durch diesen Punkt die Horizontale durch C' in N schneidet, da liest man von der oberen Skala die Antwort $S = 335$ kg ab. Es ergibt sich dann als erforderlich eine

$$\text{Seilzahl} = \frac{2000}{335} = 6 \, (1/2'' \text{ Seile})$$

und die C 2-Maschine kann somit für diese Aufzugsanlage in Betracht kommen.

50. Die wirtschaftliche Auswahl von Pufferfedern. Denken wir uns eine genormte Maschinenreihe, deren Laststufung wie folgt lautet:

$$L_1, L_2, L_3, L_4, L_5 \text{ usw.}$$

dann können für jede Last L verschiedene Kabinengrößen in Betracht kommen. Bezeichnen wir mit K_{min} und K_{max} das kleinste und größte Kabinengewicht, dann ist es evident, daß die Pufferfedern so zu bemessen sind, daß die entstehende Verzögerung für K_{min} den Wert 2,5 g nicht überschreitet (vgl. Abschnitt 32). Jede größere Kabine erfährt dann, wenn sie unbelastet gegen den Federpuffer anläuft, eine Verzögerung die kleiner als 2,5 g ist, und wird noch kleiner, wenn die

Nutzlast L hinzukommt. Je größer der Unterschied zwischen K_{min} und K_{max}, desto größer ist der Unterschied zwischen der Höchstverzögerung $p_{max} = 2{,}5\ g$ und p_{min}, die für eine Gesamtbelastung von $K_{max} + L$ auftritt. Bezeichnet also:

L die Nutzlast in kg,

K_{min} bzw. K_{max} das kleinste bzw. größte Kabinengewicht in kg,

G_{min} bzw. G_{max} das kleinste bzw. größte Gegengewicht in kg,

p_{max} die Verzögerung für $K_{min} = 2{,}5\ g$

p_1 die   „   „ K_{max}

p_2 „   „   „ $K_{min} + L$

p_{min} „   „   „ $K_{max} + L$

dann ergeben sich für $\gamma = 2$ (vgl. Par. 34) folgende Werte der Feder-konstante:

1. **Für den Kabinenpuffer** (aus den Gl.(52a) und (53a)):

$$C = \frac{g}{v_1{}^2} \cdot \left(K_{min} \cdot \left(\frac{p_{max}}{g} \right)^2 + \frac{G_{min}}{2} \right), \qquad (92\,\text{a})$$

$$C = \frac{g}{v_1{}^2} \cdot \left(K_{max} \cdot \left(\frac{p_1}{g} \right)^2 + \frac{G_{max}}{2} \right), \qquad (92\,\text{b})$$

$$C = \frac{g}{v_1{}^2} \left((K_{min} + L) \cdot \left(\frac{p_2}{g} \right)^2 + \frac{G_{min}}{2} \right), \qquad (92\,\text{c})$$

$$C = \frac{g}{v_1{}^2} \cdot \left((K_{max} + L) \cdot \left(\frac{p_{min}}{g} \right)^2 + \frac{G_{max}}{2} \right). \qquad (92\,\text{d})$$

Angenommen, daß die Nutzlast mit 40% ausgeglichen wird, d. h.

$$G = K + 0{,}4 \cdot L$$

dann lassen sich obige Gleichungen wie folgt auswerten:

Für $p_{max} = 2{,}5\ g$ ergibt sich
aus Gl. (92a) und (92b):

$$p_1 = g \cdot \sqrt{6{,}75\,\frac{K_{min}}{K_{max}} - 0{,}5}, \qquad (93\,\text{a})$$

aus Gl. (92a) und (92c):

$$p_2 = g \cdot \sqrt{6{,}25\,\frac{K_{min}}{K_{min} + L}} \qquad (93\,\text{b})$$

und aus Gl. (92a) und (92d):

$$p_{min} = g \cdot \sqrt{6{,}75\,\frac{K_{min}}{K_{max} + L} - 0{,}5\,\frac{K_{max}}{K_{max} + L}}. \qquad (93\,\text{c})$$

Außerdem ist (analog mit Gl. (52a)):

$$\left.\begin{array}{l} P_{min} = K_{min} \cdot \left(1 + \dfrac{p_{max}}{g} \right) \\[2mm] P_1 = K_{max} \cdot \left(1 + \dfrac{p_1}{g} \right) \\[2mm] P_2 = (K_{min} + L) \cdot \left(1 + \dfrac{p_2}{g} \right) \\[2mm] P_{max} = (K_{max} + L) \cdot \left(1 + \dfrac{p_{min}}{g} \right) \end{array}\right\} \qquad (94)$$

sowie (analog mit Gl. (53a)):

$$\left.\begin{aligned} f_{min} &= P_{min}/C \\ f_1 &= P_1/C \\ f_2 &= P_2/C \\ f_{max} &= P_{max}/C \end{aligned}\right\} \tag{95}$$

2. Für den Gegengewichtspuffer: (aus den Gl. (52b) und (53b)):

$$C = \frac{g}{v_1{}^2} \cdot \left(G_{min} \cdot \left(\frac{p_{max}}{g}\right)^2 + \frac{K_{min}}{2} \right) \tag{96a}$$

$$C = \frac{g}{v_1{}^2} \cdot \left(G_{max} \cdot \left(\frac{p_{min}}{g}\right)^2 + \frac{K_{max}}{2} \right) \tag{96b}$$

woraus für $p_{max} = 2{,}5\,g$

$$p_{min} = g \cdot \sqrt{\frac{6{,}75\,K_{min} - 0{,}5\,K_{max} + 2{,}5\,L}{K_{max} + 0{,}4\,L}}. \tag{97}$$

Ferner ist (analog mit Gl. (52b))

$$\left.\begin{aligned} P_{min} &= G_{min} \cdot \left(1 + \frac{p_{max}}{g}\right) \\ P_{max} &= G_{max} \cdot \left(1 + \frac{p_{min}}{g}\right) \end{aligned}\right| \tag{98}$$

sowie (analog mit Gl. (53b))

$$\left.\begin{aligned} f_{min} &= P_{min}/C \\ f_{max} &= P_{max}/C \end{aligned}\right\}. \tag{99}$$

Untersucht man eine Anzahl von Aufzugsanlagen, dann wird man finden, daß für die Mehrzahl das Kabinengewicht zwischen $0{,}8\,L$ und $1{,}25\,L$ liegt. Es zeigt sich hier die Tendenz, daß das Kabinengewicht für kleinere Lasten dem höheren, für größere Lasten dem niedrigeren Wert näher liegt. Geht man bei der nachstehenden Analyse von diesen Grenzwerten aus, dann ist

$$0{,}8\,L \leqq K \leqq 1{,}25\,L$$

woraus

$$K_{min} = 0{,}8\,L, \quad K_{max} = 1{,}25\,L \quad \text{und} \quad \frac{K_{min}}{K_{max}} = 0{,}64$$

ferner

$$\frac{K_{min}}{K_{min} + L} = 0{,}444 \quad \frac{K_{max}}{K_{max} + L} = 0{,}555 \quad \text{und} \quad \frac{K_{min}}{K_{max} + L} = 0{,}355.$$

Setzen wir diese Werte in die obigen Gleichungen ein, dann erhält man

1. Für den Kabinenpuffer:

nach Gleichungsgruppe (93)

$$p_1 = 1{,}95\,g, \quad p_2 = 1{,}66\,g \quad \text{und} \quad p_{min} = 1{,}46\,g \text{ m/sek.}^2$$

nach Gleichungsgruppe (94)

$$\begin{aligned} P_{min} &= 3{,}5\,K_{min} = 2{,}8\,L \text{ kg} \\ P_1 &= 4{,}6\,K_{min} = 3{,}7\,L \text{ ,,} \\ P_2 &= 6{,}0\,K_{min} = 4{,}8\,L \text{ ,,} \\ P_{max} &= 6{,}9\,K_{min} = 5{,}5\,L \text{ ,,}. \end{aligned}$$

und nach Gleichungsgruppe (95) unter gleichzeitiger Berücksichtigung,
daß hier die Federkonstante (nach Gl. (92a)) den Wert hat

$$C = \frac{g}{v_1^2} \cdot 7\, K_{min}$$

$$f_{min} = 50\, v_1^2/g \text{ cm}, \quad f_1 = 66\, v_1^2/g \text{ cm}, \quad f_2 = 86\, v_1^2/g \text{ cm}$$
$$\text{und} \quad f_{max} = 100\, v_1^2/g \text{ cm}.$$

2. **Für den Gegengewichtspuffer:**
nach Gl. (97)

$$p_{min} = 2,1\, g \text{ m/sek.}^2$$

nach Gleichungsgruppe (98)

$$P_{min} = 5,25\, K_{min} = 4,2 \ L \text{ kg}$$
$$P_{max} = 6,40\, K_{min} = 5,12\, L \ \text{,,}$$

und nach Gleichungsgruppe (99) unter gleichzeitiger Berücksichtigung
daß hier die Federkonstante (nach Gl. (96a)) den Wert hat

$$C = \frac{g}{v_1^2} \cdot 9,875\, K_{min}$$

$$f_{min} = 53\, v_1^2/g \text{ cm} \quad \text{und} \quad f_{max} = 65\, v_1^2/g \text{ cm}.$$

Beispiel 27. Es ist für eine Nutzlast $L = 1000$ kg die obige Berechnung auszuführen, und zwar für

$$0,8\, L \leq K \leq 1,25\, L$$

d. h. hier

$$800 \ \leq K \leq 1250 \text{ kg}.$$

In der Annahme, daß der Geschwindigkeitsregeler für $v_1 = 1,75$ m/sek. in Tätigkeit
tritt, ergibt sich

1. **Für den Kabinenpuffer:**

$$p_{max} = 2,5 \ g \text{ m/sek.}^2$$
$$p_1 \ = 1,95\, g \ \text{,,}$$
$$p_2 \ = 1,66\, g \ \text{,,}$$
$$p_{min} = 1,46\, g \ \text{,,}$$

ferner

$$P_{min} = 2800 \text{ kg}$$
$$P_1 \ = 3700 \ \text{,,}$$
$$P_2 \ = 4800 \ \text{,,}$$
$$P_{max} = 5500 \ \text{,,}$$

sowie

$$f_{min} = 15,6 \text{ cm}$$
$$f_1 \ = 20,6 \ \text{,,}$$
$$f_2 \ = 26,8 \ \text{,,}$$
$$f_{max} = 31,2 \ \text{,,}$$

2. **Für den Gegengewichtspuffer:**

$$p_{max} = 2,5 \ g \text{ m/sek.}^2$$
$$p_{min} = 2,1\, g \ \ \text{,,}$$

ferner

$$P_{min} = 4200 \text{ kg}$$
$$P_{max} = 5120 \ \text{,,}$$

sowie

$$f_{min} = 16,6 \text{ cm}$$
$$f_{max} = 20,2 \ \text{,,}$$

Beispiel 28. Wie ändert sich das Ergebnis im Beispiel 27 z. B. für den Kabinen-puffer, falls das Kabinengewicht zwischen $0,9\,L$ und $1,2\,L$ liegt, d. h.

$$0,9\,L \leqq K \leqq 1,2\,L.$$

In diesem Fall ist

$$K_{\min} = 0,9\,L = 900 \text{ kg}$$
$$K_{\max} = 1,2\,L = 1200 \text{ ,,}$$

Ferner ist

$$\frac{K_{\min}}{K_{\max}} = 0,75 \qquad \frac{K_{\min}}{K_{\min}+L} = 0,47$$

$$\frac{K_{\max}}{K_{\max}+L} = 0,54 \qquad \frac{K_{\min}}{K_{\max}+L} = 0,41\,.$$

Setzt man diese Werte in die Gleichungsgruppen (93), (94) und (95) ein, dann erhält man

$$p_{\max} = 2,5 g \text{ m/sek.}^2$$
$$p_1 = 2,13\,g \text{,,}$$
$$p_2 = 1,72\,g \text{,,}$$
$$p_{\min} = 1,58\,g \text{,,}$$

ferner

$$P_{\min} = 3150 \text{ kg}$$
$$P_1 = 3760 \text{ ,,}$$
$$P_2 = 5180 \text{ ,,}$$
$$P_{\max} = 5680 \text{ ,,}$$

sowie

$$f_{\min} = 15,6 \text{ cm}$$
$$f_1 = 18,7 \text{ ,,}$$
$$f_2 = 25,7 \text{ ,,}$$
$$f_{\max} = 28,2 \text{ ,,}$$

Aus dem Vorhergesagten treten mit Deutlichkeit die Richtlinien hervor, die bei der Normung von Pufferfedern zu befolgen sind. Sind beispielsweise für die Werte der Nutzlast

$$800, \ 1200 \ \text{und} \ 1800 \ \text{kg}$$

die einer genormten Reihe entnommen sind, die Federabmessungen des Kabinen- sowie des Gegengewichtspuffers zu ermitteln und zwar für

$$v = 0,75, \ 1,0, \ 1,25 \ \text{und} \ 1,5 \ \text{m/sek.}$$

Hubgeschwindigkeit, dann müssen zunächst die v_1-Werte des Regulators, sowie die Werte von $K_{\min}$ und $K_{\max}$ festgelegt werden. Gehen wir in dem vorliegenden Fall von dem vorher besprochenen Gewichtsbereich der Kabine aus, d. h.

$$0,8\,L \leqq K \leqq 1,25\,L$$

dann ist, wie bereits ermittelt
für den Kabinenpuffer:

$$P_{\max} = 5,5\,L\,\text{kg} \quad \text{und} \quad f_{\max} = 100\,\frac{v_1^2}{g}\,\text{cm}.$$

und für den Gegengewichtspuffer:

$$P_{\max} = 5,12\,L\,\text{kg} \quad \text{und} \quad f_{\max} = 65\,\frac{v_1^2}{g}\,\text{cm}.$$

Was nun die zu verwendenden v_1-Werte betrifft, so werden im allgemeinen die Regulatoren für Geschwindigkeiten ausgelöst, die mit ca. 30 bis 40% die v-Werte übersteigen. In der Regel erscheint es für angebracht, den prozentualen Zusatz mit zunehmendem v-Wert zu verkleinern, und man erhält z. B.:

$$\text{für } v = \quad 0{,}75 \quad 1{,}00 \quad 1{,}25 \quad 1{,}50 \text{ m/sek.}$$
$$v_1 = \quad 1{,}05 \quad 1{,}35 \quad 1{,}65 \quad 1{,}95 \text{ m/sek.}$$

Von diesen Werten ausgehend, erhält man

$$\qquad\qquad\qquad \text{Kabinenpuffer} \quad \text{Gegengewichtspuffer}$$

für $L = 800$ kg: $P_{max} = 4400$ kg, $\quad P_{max} = 4100$ kg
„ $L = 1200$ „ $\quad P_{max} = 6600$ „ $\qquad P_{max} = 6150$ „
„ $L = 1800$ „ $\quad P_{max} = 9900$ „ $\qquad P_{max} = 9250$ „

und

für $v = 0{,}75$ m/sek: $f_{max} = 11{,}2$ cm, $\quad f_{max} = 7{,}3$ cm
„ $v = 1{,}00$ „ $\quad f_{max} = 18{,}6$ „ $\qquad f_{max} = 12{,}1$ „
„ $v = 1{,}25$ „ $\quad f_{max} = 27{,}7$ „ $\qquad f_{max} = 18{,}0$ „
„ $v = 1{,}50$ „ $\quad f_{max} = 38{,}7$ „ $\qquad f_{max} = 25{,}1$ „

Aus der Dimensionierungsformel (56) entnehmen wir, daß für gleiche Federabmessungen r und d die Windungszahl n mit der Durchbiegung f zunimmt. Wünscht man also die Tiefe der Schachtgrube weitmöglichst zu begrenzen, dann muß man für die größeren f-Werte einen anderen Federhalbmesser r wählen. In dem vorliegenden Fall stellt es sich für die Normung am vorteilhaftesten, falls nur zwei verschiedene r-Werte in Betracht kommen, von denen jeder für zwei f-Werte benutzt wird. Jeder hinzukommende r-Wert erfordert nämlich eine andere Größe von Druck- und Anschlagsplatten (vgl. Abb. 13), und aus dem Grunde ist eine diesbezügliche Beschränkung wünschenswert. Die zu erzielenden Vorteile treten am übersichtlichsten hervor, falls wir den Einfluß der einschlägigen Größen auf das Ergebnis nomographisch verfolgen.

Zu dem Zweck ist Abb. 93 eine Nachbildung der in Abb. 54 gezeigten Netztafel zur Ermittlung der Federabmessungen. In Abb. 93 definiert z. B. Punkt P in der vertikalen Paarleiter das Wertepaar

$$d = 2{,}7 \text{ cm} \quad \text{und} \quad r = 7{,}5 \text{ cm}$$

und besagt durch seine Lage, daß die angegebene Drahtstärke von 2,7 cm unter Zugrundelegung eines k_d-Wertes von 6500 kg/qcm eine Belastung von ca. 3300 kg zugibt. In der oberen horizontalen Paarleiter definieren 0_1, 0_2, 0_3 und 0_4 Wertepaare von G und f, von denen für G ein konstanter Wert von $7{,}5 \cdot 10^5$ kg/qcm gewählt ist.

Die Senkrechten durch die 0-Punkte schneiden die Wagerechte durch P in A, B, C und D, welche Punkte somit bestimmte Werte der vier Veränderlichen d, r, f und G bezeichnen. Ziehen wir durch diese Punkte Kurven, die parallel mit den hyperbolischen Rechenlinien verlaufen, dann ergeben sich die Schnittpunkte A', B', C' und D' mit der in Betracht kommenden Belastungsvertikale — in diesem Fall $P = 3300$ kg. Die gesuchte Windungszahl ist nun von A', B', C' und D' direkt aus der n-Skala abzulesen, und man erhält in abgerundeten Zahlen

$$n = 5, \quad 8^1/_2, \quad 12^1/_2 \text{ und } 17$$

wirksame Windungen.

Wie bereits erwähnt, lassen sich die hohen Windungszahlen durch

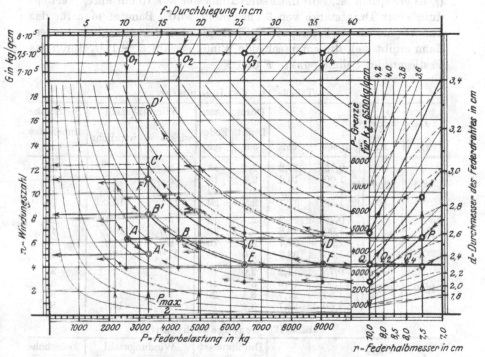

Abb. 93. Normungstafel für Pufferfedern nach der Netztafel der Abb. 54.

die Wahl eines größeren Federhalbmessers vermeiden. Der neue r-Wert kann sogar so gewählt werden, daß die sich ergebende Windungszahl mit einer bereits festliegenden übereinstimmt. Eine derartige Änderung führt allerdings zu einem anderen d-Wert, der sich aus dem Nomogramm sofort ergibt. Wünscht man z. B. in dem vorliegenden Fall die beiden höchsten Windungszahlen ($12^1/_2$ und 17) durch die Verwendung eines größeren Federhalbmessers als $7,5$ cm herabzusetzen und zwar so, daß die eine Windungszahl mit der bereits festliegenden von $8^1/_2$ übereinstimmt, dann erhält man die hierfür erforderliche Drahtstärke und gleichzeitig den Federhalbmesser auf graphischem Wege zunächst durch das Festlegen des Schnittpunktes E, der auf der durch B und B' gehenden hyperbolischen Rechenlinie liegt.

Die Horizontale durch E schneidet in Q, Q_1, Q_2, Q_3 usw. die r-Schar, von denen jedoch nur die Schnittpunkte hier in Betracht kommen können, deren Lage eine Belastung von mindestens 3300 kg gestattet. Diese Bedingung wird nur von Q erfüllt, da das Nomogramm hier keine größeren r-Werte als $r = 10$ cm enthält. Dieser Schnittpunkt Q besagt, daß eine Windungszahl von $8^1/_2$ für das durch O_3 bezeichnete Wertepaar (f, G) erhältlich ist, falls die Federhalbmesser auf 10 cm unter Verwendung einer Drahtstärke von 3 cm erhöht wird. Benutzt man für das durch O_4 definierte Wertepaar (f, G) die gleichen d- und r-Abmessungen, dann ergibt sich die entsprechende Windungszahl $n \backsimeq 11^1/_2$ durch das Festlegen der Schnittpunkte F und F'.

Tabelle 11. Kabinenpuffer.

L	$\dfrac{P_{max}}{2}$	v	f	Durchmesser		Windungszahl		Federhöhe
				Draht	Feder	wirksame	wirkliche	unbelastet
kg	kg	m/sek.	cm	cm	cm			cm
800	2200	0,75	11,2	2,4	15	5	7	29
		1,00	18,6	2,4	15	8	10	43
		1,25	27,7	2,7	20	8	10	55
		1,50	38,7	2,7	20	11	13	74
1200	3300	0,75	11,2	2,7	15	$5^1/_2$	$7^1/_2$	32
		1,00	18,6	2,7	15	$8^1/_2$	$10^1/_2$	47
		1,25	27,7	3,0	20	$8^1/_2$	$10^1/_2$	59
		1,50	38,7	3,0	20	$11^1/_2$	$13^1/_2$	79
1800	4950	0,75	11,2	3,0	15	6	8	36
		1,00	18,6	3,0	15	9	11	52
		1,25	27,7	3,4	20	9	11	65
		1,50	38,7	3,4	20	$12^1/_2$	$14^1/_2$	88

Tabelle 12. Gegengewichtspuffer.

L	$\dfrac{P_{max}}{2}$	v	f	Durchmesser		Windungszahl		Federhöhe
				Draht	Feder	wirksame	wirkliche	unbelastet
kg	kg	m/sek.	cm	cm	cm			cm
800	2050	0,75	7,3	2,4	15	$3^1/_2$	$5^1/_2$	21
		1,00	12,1	2,4	15	5	7	29
		1,25	18,0	2,4	15	8	10	43
		1,50	25,1	2,7	20	8	10	55
1200	3075	0,75	7,3	2,7	15	$3^1/_2$	$5^1/_2$	22
		1,00	12,1	2,7	15	$5^1/_2$	$7^1/_2$	32
		1,25	18,0	2,7	15	$8^1/_2$	$10^1/_2$	47
		1,50	25,1	3,0	20	$8^1/_2$	$10^1/_2$	59
1800	4625	0,75	7,3	3,0	15	4	6	25
		1,00	12,1	3,0	15	6	8	36
		1,25	18,0	3,0	15	9	11	52
		1,50	25,1	3,4	20	9	11	65

Diese Richtlinien befolgend, sind die in den vorstehenden Übersichten — Tabelle 11 und Tabelle 12 — enthaltenen Federabmessungen der Kabinen- und Gegengewichtspuffer ermittelt, die für das vorliegende Normungsproblem in Betracht kommen. Wie dieses graphisch auszuführen ist, geht aus Abb. 93 hervor, welche die sämtlichen für den Kabinenpuffer erforderlichen Federn behandelt. In sämtlichen Fällen ist die Gesamtbelastung auf zwei Puffer verteilt, und soweit möglich, hat jede Drahtstärke eine zweifache Verwendung gefunden. Daß 75% der Kabinenfedern ebenfalls für die Gegengewichtspuffer benutzt wer-

Tabelle 13.

Durchmesser		Windungszahl	Federhöhe
Draht cm	Feder cm	wirkliche	unbelastet cm
2,4	15	$5^1/_2$	21
		7	29
		10	43
2,7	15	$5^1/_2$	22
		$7^1/_2$	32
		$10^1/_2$	47
	20	10	55
		13	74
3,0	15	6	25
		8	36
		11	52
	20	$10^1/_2$	59
		$13^1/_2$	79
3,4	20	11	65
		$14^1/_2$	88

den, ist besonders zu beachten. Aus diesen Tabellen läßt sich die Übersicht — Tabelle 13 — aufstellen, die sämtliche hier zur Verwendung kommenden Federgrößen umfaßt.

Anhang.

Theorie und Aufbau der im Text vorkommenden nomographischen Netztafeln.

A. Netztafel zur Ermittlung der Rillenform (Abb. 46).

Nach Gl. (39) lautet die hierfür in Betracht kommende Formel:

$$\frac{g+p}{g-p} \cdot \frac{S}{S} = \varepsilon^{4 \cdot \frac{1-\sin \alpha/2}{\pi - \alpha - \sin \alpha} \cdot \mu_0 \cdot \beta}$$

oder, falls wir β in Graden statt in Bogenmaß ausdrücken und vorläufig die Bezeichnung μ der scheinbaren Reibungszahl nach Gl. (37b) einsetzen

$$\frac{g+p}{g-p} \cdot \frac{S}{S} = \varepsilon^{\mu \cdot \beta \cdot \frac{\pi}{180}}.$$

10*

Nach Logarithmierung lassen sich die Veränderlichen wie folgt gruppieren

$$\mu \cdot \beta = \frac{180}{\pi} \cdot \frac{1}{\lg \varepsilon} \cdot \left(\lg \frac{S}{S} + \lg \frac{g+p}{g-p} \right) \tag{100}$$

woraus

$$\mu \cdot \beta = z \tag{100a}$$

falls die rechte Seite der Gl. (100) als eine Veränderliche z aufgefaßt wird, oder

$$z = \frac{180}{\pi} \cdot \frac{1}{\lg \varepsilon} \cdot \left(\lg \frac{S}{S} + \lg \frac{g+p}{g-p} \right). \tag{101}$$

Die Veränderliche z erscheint in einem kartesischen Koordinatensystem als eine Hyperbelschar, falls man μ und β den beiden rechtwinklig zu einander stehenden Scharen: der Schar der Abszissen und der der Ordinaten, zuteilt (Abb. 94).

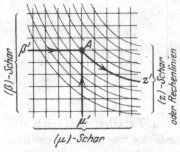

Abb. 94. Schar der Rechenlinien.

Die einzelnen Kurven der Hyperbelschar definieren bestimmte Werte von z, und es läßt sich somit aus dem Diagramm (Abb. 94) für gegebene Werte μ' und β' der entsprechende Funktionswert z' direkt ablesen. Durch die Werte μ' und β' wird nämlich der Schnittpunkt A festgelegt, und die durch diesen Punkt gehende z-Kurve gibt durch ihre Bezifferung den zugehörigen Funktionswert an. Umgekehrt, sind die Werte z' und β' oder z' und μ' gegeben, dann erfolgt vom Schnittpunkt A die Ermittlung des gesuchten Wertes μ' bzw. β'. Jeder Punkt auf einer der Hyperbelschar zugehörigen Kurve gibt somit Wertepaare der Veränderlichen μ und β an, die der Funktion (100) genügen.

Nun kommt es des öfteren vor, daß Punkt A zwischen zwei eingetragene z-Kurven fällt. In dem Fall wird einfach die Richtung der (z)-Schar verfolgt, und die Lage des Schnittpunktes muß durch Interpolation nach Augenmaß eingeschätzt werden. Demgemäß empfiehlt es sich, eine so große Anzahl von z-Kurven einzutragen, daß eine Interpolation, der erforderlichen Genauigkeit des Ablesens entsprechend, vorgenommen werden kann. Wie wir später sehen werden, ist eine Bezifferung der (z)-Schar nicht erforderlich, da die Größe der in diese Schar eingehenden Kurven in dem endgültigen Nomogramm zahlenmäßig nicht in Erscheinung tritt. Dessen ungeachtet spielt diese Funktionsschar als „Rechenlinien" eine große Rolle.

Es ist einleuchtend, daß, nachdem die Wahl für die Koordinatenscharen vorgenommen ist, wie hier μ als Abszissen und β als Ordinaten (Abb. 94), die sämtlichen anderen Veränderlichen in der Schar der Rechenlinien verborgen liegen. Fassen wir jeden der Ausdrücke $\lg \frac{S}{\mathcal{S}}$ und $\lg \frac{g+p}{g-p}$ als eine Veränderliche auf, dann erhält diese Schar hier außer diesen beiden Veränderlichen den konstanten Faktor $\frac{180}{\pi} \cdot \frac{1}{\lg \varepsilon}$. Die uns vorliegende Aufgabe ist daher die, durch eine Erweiterung der in Abb. 94 gezeichneten Netztafel die Schar der Rechenlinien nach Gl. (101) zu zerlegen und für jede Veränderliche eine besondere Schar hinzuzufügen.

Es empfiehlt ich hier eine Zwischenstufe einzuschalten und zunächst den Ausdruck in der Paranthese, Gl. (101), als eine Veränderliche w aufzufassen, für die also vorläufig nur eine Schar gewählt wird. Teilen wir dann dem konstanten Faktor $\frac{180}{\pi} \cdot \frac{1}{\lg \varepsilon}$ ebenfalls eine Schar zu, die allerdings hier nur eine Scharlinie erfordert, dann läßt sich Gl. (101) durch drei Scharen darstellen, von denen zwei, was die Richtung betrifft, beliebig gewählt werden können.

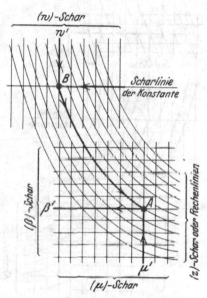

Abb. 95. Zerlegung der (z)-Schar.

Die neue Netztafel muß nun der in Abb. 94 gezeigten angegliedert werden, und als Verbindungsglied kommt hier die Schar der Rechenlinien, d. h. die (z)-Schar, in Betracht. Da die Richtung dieser Schar bereits festliegt, ist die beliebige Wahl auf eine der anderen beschränkt. In einfachster Form tritt das Nomogramm hervor, falls für die (w)-Schar gerade Linien gewählt werden, die parallel entweder mit der (μ)- oder der (β)-Schar verlaufen. Bestimmen wir uns hier für die erste Alternative, dann folgt aus der Gestaltung der Gl. (101), daß der konstante Faktor durch eine mit der (β)-Schar parallele Linie darzustellen ist (Abb. 95).

Genau wie der Schnittpunkt A das Wertepaar (μ', β') bezeichnet, bestimmt B in dem oberen Teildiagramm (Abb. 95) das Wertepaar $\left(w', \frac{180}{\pi} \cdot \frac{1}{\lg \varepsilon} \right)$. Fallen nun zufällig beide Schnittpunkte auf dieselbe Rechenlinie, dann bedeutet dies, daß derselbe Funktionswert z' den Argumentwerten μ' und β' sowie w' und $\frac{180}{\pi} \cdot \frac{1}{\lg \varepsilon}$ entspricht. Somit gibt Abb. 95 eine graphische Darstellung der Gl. (100) für den Fall, daß der Ausdruck in der Paranthese als eine Veränderliche aufgefaßt wird, oder daß

$$w = \lg \frac{S}{S} + \lg \frac{g+p}{g-p}. \tag{102}$$

Ist z. B. β' zu ermitteln, so wird zunächst durch den bekannten Wert w' der Schnittpunkt B mit der Scharlinie der Konstante festgelegt. Die durch diesen Punkt gehende Rechenlinie oder, falls B zwischen zwei eingetragene Kurven fällt, die durch Interpolation nach Augenmaß

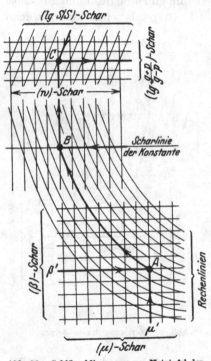

ermittelte Kurve, schneidet in A die Senkrechte durch μ', und die hierdurch gehende Wagerechte zeigt durch ihre Bezifferung den gesuchten Wert β' an. Es ist hier leicht einzusehen, daß eine Bezifferung der Rechenlinien nicht erforderlich ist; diese Schar ist nämlich nur als Verbindungsglied zwischen gleichwertigen Wertepaaren der beiden Teiltafeln zu betrachten.

Es erübrigt sich die Zerlegung der (w)-Schar, die nach Gl. (102) Wertepaare von $\lg \frac{S}{S}$ und $\lg \frac{g+p}{g-p}$ bezeichnet. Von den drei Scharen, die für die Darstellung dieser Gleichung erforderlich sind, liegt die (w)-Schar bereits fest. Es läßt sich also nur noch eine, was die Richtung anbelangt, willkürlich bestimmen. Um das Nomogramm so einfach wie möglich zu gestalten, wählt man selbstverständlich hierfür eine Richtung, die sich zu der

Abb. 96.   Schlüsseldiagramm zur Netztafel der Abb. 46.

zu zerlegenden Schar winkelrecht stellt (Abb. 96). Die dritte Schar läßt sich dann in dieses neue Bezugsystem einzeichnen und die Kurvenform dieser Schar hängt von Gl. (102) ab. In diesem Fall besteht diese dritte Schar aus parallel verlaufenden Geraden. Für einen konstanten Wert von $\lg \frac{S}{S}$ erhält man nämlich

$$w = \text{konst.} + \lg \frac{g+p}{g-p}$$

welche Gleichung eine Gerade darstellt.

Wie ein derartiges Nomogramm zu verwenden ist, geht aus dem eingetragenen Beispiel hervor, worin $\left(\lg\dfrac{g+p}{g-p}\right)'$ als unbekannt vorausgesetzt ist. Der Schnittpunkt A bestimmt sich aus den bekannten Größen μ' und β'. Die durch A gehende Rechenlinie schneidet in B die Scharlinie der Konstante, und die Senkrechte hierdurch bildet mit der bekannten $\left(\lg\dfrac{S}{S}\right)'$-Scharlinie den Schnittpunkt C, von wo die Wagerechte durch ihre Bezifferung den gesuchten Wert angibt.

Das in Abb. 46 gezeigte endgültige Nomogramm setzt sich aus sämtlichen in Abb. 96 gezeigten Scharen zusammen, die jedoch durch eine zweckmäßige Überlagerung der einzelnen Teildiagramme nicht in gleicher Anzahl hervortreten. Eine derartige Überlagerung läßt sich dadurch ausführen, daß man die Bezifferung der mit den (μ)- und (β)-Scharen gleichgerichteten für die Schar der Rechenlinien einstellt. Gibt man z. B. der Scharlinie des konstanten Faktors $\dfrac{180}{\pi}\cdot\dfrac{1}{\lg\varepsilon}$ eine solche Lage, daß der gegenüberliegende β-Wert z. B. $\dfrac{1}{0{,}7}\cdot\dfrac{180}{\pi}\cdot\dfrac{1}{\lg\varepsilon}$ ist, dann ergibt sich aus Gl. (100) zwischen den (μ)- und (w)-Scharen die folgende Beziehung:

$$\mu = 0{,}7\cdot\left(\lg\frac{S}{S}+\lg\frac{g+p}{g-p}\right) \tag{103}$$

Die Bezifferung der $\left(\lg\dfrac{S}{S}\right)$-Schar erfolgt entweder so, daß man für zwei verschiedene Werte von $\lg\dfrac{g+p}{g-p}$ gegenüberstehende Werte von μ und $\lg\dfrac{S}{S}$ ermittelt, deren Verbindung die gesuchte Schar bildet, oder es genügt die entsprechende Berechnung nur mit einem Wert von $\lg\dfrac{g+p}{g-p}$ auszuführen, falls man gleichzeitig die Richtung einer einzigen Scharlinie festlegt. Die übrigen Linien sind dann parallel damit einzutragen. So erhält man z. B. für $\lg\dfrac{g+p}{g-p}=0{,}07$ als gegenüberliegende Werte

$\lg S/S=$	0,10	0,15	0,20	0,25	0,30	0,35
$\mu=$	0,119	0,154	0,189	0,224	0,259	0,294 .

In dem endgültigen Nomogramm (Abb. 46) erschienen die Werte von $\lg\dfrac{g+p}{g-p}$ nicht; an deren Stelle sind die entsprechenden Werte der Hubgeschwindigkeit v nach Abschnitt 28 eingetragen, da nur sie bei der Verwendung der Netztafel von Interesse sind. Statt der gleichmäßigen Skala von $\lg\dfrac{g+p}{g-p}$ erhalten wir eine ungleichmäßige v-Skala, da zwischen diesen beiden Größen kein direktes Verhältnis besteht. Gleichzeitig sind die Werte $\dfrac{S}{S}$ direkt angegeben, und die entsprechende Skala wird dadurch ebenfalls ungleichmäßig. In endgültiger Form enthält das Nomogramm also eine Paarleiter, welche die beiden Veränderlichen $\frac{S}{S}$ und v in sich schließt. Die Scharlinie der Konstante tritt hier als eine Überbrückungslinie hervor, welche die (w)-Schar mit den Rechenlinien verbindet.

B. Netztafel zur Ermittlung der Seil- und Rillenzahl (Abb. 47).

Als Grundformel dieser Tafel dient Gl. (40):

$$S = d \cdot D \cdot p_{max} \cdot \frac{\pi - \alpha - \sin \alpha}{8 \cdot \cos \alpha/2}.$$

Schreibt man diese Gleichung

$$p_{max} \cdot D = S \cdot \left(\frac{1}{d} \cdot \frac{8 \cdot \cos \alpha/2}{\pi - \alpha - \sin \alpha} \right) \tag{104}$$

und betrachtet dabei den Ausdruck in der Paranthese als eine Veränderliche u, d. h.

$$u = \frac{1}{d} \cdot \frac{8 \cdot \cos \alpha/2}{\pi - \alpha - \sin \alpha}$$

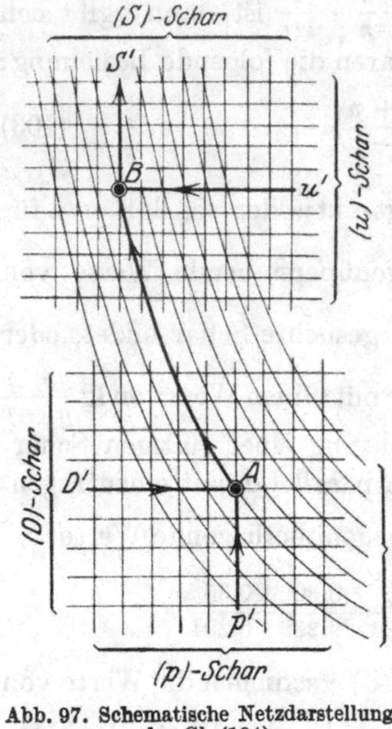

Abb. 97. Schematische Netzdarstellung der Gl. (104).

dann enthält Gl. (104) nur vier Veränderlichen, die sich, wie in Abb. 97 gezeigt, durch vier paarweise winkelrecht zu einander gestellte Scharen darstellen lassen. Durch Einführung der Hilfsveränderliche z erhält man aus Gl. (104) das Gleichungspaar

$$\left\{ \begin{array}{c} p_{max} \cdot D = z \\ S \cdot \left(\frac{1}{d} \cdot \frac{8 \cdot \cos \alpha/2}{\pi - \alpha - \sin \alpha} \right) = z \end{array} \right\}$$

worin jede Gleichung eine Gesetzmäßigkeit mit multiplikativem Charakter aufweist. Die Hilfsveränderliche z bildet daher eine hyperbolische Schar, die aus beiden Teilgleichungen hervorgeht. Es ist hierbei vorausgesetzt, daß die Skaleneinteilung sämtlicher Scharen eine regelmäßige ist.

Von den vier Koordinatenscharen enthält die (u)-Schar die beiden Veränderlichen d und $\frac{8 \cdot \cos \alpha/2}{\pi - \alpha - \sin \alpha}$ und muß demgemäß in zwei andere Scharen zerlegt werden. Nur eine dieser Scharen läßt sich willkürlich wählen, da die (u)-Schar bereits festliegt. Somit erhalten wir das in Abb. 98 gezeigte „Schlüsseldiagramm", worin für die Veränderliche

$\left(\dfrac{8 \cdot \cos \alpha/2}{\pi - \alpha - \sin \alpha}\right)$, die den mathematischen Ausdruck für den Rillenfaktor R der unterschnittenen Rille bildet, eine in derselben Richtung wie die (S)-Schar verlaufende Schar gewählt ist. Kommt nun für diese (R)-Schar eine gleichmäßige Skaleneinteilung in Betracht, wie sie bereits für die (u)-Schar besteht, dann bildet die (d)-Schar einen von dem Anfangspunkt der Koordinaten ausgehenden Strahlenbüschel. Aus

$$u = \frac{1}{d} \cdot R$$

bekommt man nämlich für einen konstanten Wert von d:

$$u = \text{konst.}\ R$$

d. h. die Gleichung einer Gerade.

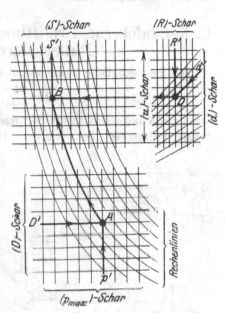

Abb. 98. Schlüsseldiagramm zur Netztafel der Abb. 47.

Die Verwendung dieses Nomogrammes geht mit Deutlichkeit aus dem eingetragenen Beispiel hervor. Es fragt sich hier, welche die zulässige Belastung S' für ein Seil mit Durchmesser d' ist, die in einer Rille mit dem Rillenfaktor R' läuft. Von den ebenfalls bekannten Werten des zulässigen Flächendruckes p' und des Scheibendurchmessers D' ausgehend, bestimmt man zunächst den Schnittpunkt A. Gleichfalls läßt sich D durch die gegebenen Werte R' und d' festlegen. Die Wagerechte durch diesen Punkt schneidet in B die Rechenlinie durch A, und von B aus gibt die Senkrechte die gesuchte Antwort S'. Selbstverständlich hätten wir auch von α statt von R sprechen können, und dabei das Diagramm in Abb. 38 benutzt. Die Beziehung zwischen dem Rillenfaktor R und dem Zentriwinkel α ist hier graphisch gegeben.

Das aus Abb. 98 hervorgegangene Nomogramm ist in Abb. 47 gezeigt. Die Überlagerung der parallel verlaufenden Scharen erfolgt zunächst durch das Festlegen einer bestimmten Beziehung zwischen den Skalen von S und p_{max}. In diesem Fall ist die Beziehungszahl $m = 10$, d. h. $S = 10\,p_{max}$. Aus Gl. (104) ergibt sich dann

$$p_{max} \cdot D = 10 \cdot p_{max} \cdot \frac{1}{d} \cdot \frac{8 \cdot \cos \alpha/2}{\pi - \alpha - \sin \alpha}$$

oder

$$D = 10 \cdot \left(\frac{1}{d} \cdot \frac{8 \cdot \cos \alpha/2}{\pi - \alpha - \sin \alpha}\right) = 10\,\frac{R}{d}. \tag{105}$$

Setzt man in diese Gleichung nacheinander verschiedene R-Werte für jeden in Betracht kommenden Seildurchmesser d ein, dann erhält man die Schnittpunkte, welche die (d)-Schar mit der (R)-Schar bildet. In dem endgültigen Nomogramm (Abb. 47) sind die R-Werte nicht eingetragen; statt dessen sind die entsprechenden α-Werte gegeben, wie sie in Abb. 38 vorkommen. Außerdem ist das Nomogramm mit anderen Daten versehen, die seinen Wert für die Praxis bedeutend erhöhen.

C. Netztafel zur Ermittlung der Abmessungen von Pufferfedern (Abb. 54).

Das diesbezügliche Nomogramm bezieht sich auf Gl. (56)

$$f = \frac{64 \cdot n \cdot r^3}{d^4} \cdot \frac{P}{G}$$

welche die bekannte Durchbiegungsformel einer zylindrischen Schraubenfeder darstellt. Schreibt man diese Gleichung in der nomographischen Form

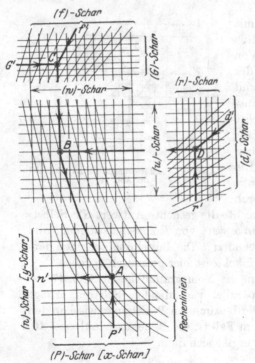

$$P \cdot n = \left(\frac{f \cdot G}{64}\right) \cdot \left(\frac{d^4}{r^3}\right) \quad (106)$$

worin P die (x)-Schar und n die (y)-Schar in einem rechtwinkligen Koordinatensystem bezeichnet, dann erhalten die Rechenlinien die hyperbolische Form

$$P \cdot n = \text{konst.}$$

und die Gl. (106) läßt sich durch vier, paarweise winkelrecht zu einander gestellte Scharen darstellen. Da die Gleichung sechs Veränderlichen enthält, sind diese für zwei der Scharen paarweise zusammenzufassen, wie in Gl. (106) angedeutet. Hierbei wird $\left(\frac{f \cdot G}{64}\right)$ der (w)-Schar und $\left(\frac{d^4}{r^3}\right)$ der (u)-Schar zugeteilt. Diese Scharen müssen wiederum in die Scharen von (f) und (G), bzw. (d) und (r) zerlegt

Abb. 99. Schlüsseldiagramm zur Netztafel der Abb. 54.

werden, und auf diese Weise ist das Schlüsseldiagramm in Abb. 99 entstanden.

Für die Bezifferung der (w)-Schar erweist sich hier $m = 50$ als Beziehungszahl zweckmäßig; somit ist

$$50\,P = \left(\frac{f \cdot G}{64}\right). \tag{107}$$

Hieraus erfolgt die Bezifferung der (f)-Schar für einen konstanten G-Wert, wie z. B. $G = 8 \cdot 10^5$ aus der Gleichung

$$50\,P = f \cdot \frac{8 \cdot 10^5}{64} \quad \text{oder} \quad P = 250\,f.$$

Als gegenüberliegende Werte sind dann zu verzeichnen:

$f =$	5	10	15	20	25	30	35	40 cm
$P =$	1250	2500	3750	5000	6250	7500	8750	10000kg

Ferner ergibt sich aus Gl. (106) und (107) die Bezifferung der (u)-Schar wie folgt:

$$n = 50\,\frac{d^4}{r^3} \tag{108}$$

oder für einen konstanten Wert von r, etwa $r = 10$ cm

$$n = \frac{50}{1000} \cdot d^4 = \frac{1}{20} \cdot d^4.$$

Hieraus folgt

$d =$	1,8	2,0	2,2	2,4	2,6	2,8	3,0	3,2	3,4	3,6	3,8	4,0 cm
$n =$	0,52	0,80	1,17	1,00	2,28	3,07	4,05	5,25	6,7	8,4	10,4	12,8

Wählen wir nun eine (G)-Schar, die winkelrecht zu der (P)- bzw. (w)-Schar verläuft (Abb. 99), ferner eine (r)-Schar, die winkelrecht zu der (n)- bzw. (u)-Schar liegt, dann stellen diese Scharen paarweise rechtwinklige Koordinatensysteme dar, in die die (f)- und (d)-Scharen einzuzeichnen sind. Für einen konstanten Wert von f lautet Gl. (107):

$$P = \text{konst. } G$$

die eine Gerade darstellt. Die Veränderliche f läßt sich folglich durch eine Schar darstellen, die strahlenförmig von dem Anfangspunkt der (G)- und (P)-Koordinaten ausgeht. Dieses setzt allerdings voraus, daß die Bezifferung der (G)-Schar durch eine gleichmäßige Skala erfolgt.

Richten wir nun unsere Aufmerksamkeit auf Gl. (108), dann ergibt sich aus dieser Gleichung die Form der (d)-Schar. Für einen konstanten d-Wert lautet sie

$$n = \text{konst. } \frac{1}{r^3} \tag{109}$$

oder

$$n = \text{konst. } \eta \tag{109a}$$

falls

$$\eta = \frac{1}{r^3}. \tag{110}$$

Durch die Einführung der Hilfsveränderlichen η geht Gl. (109) in Gl. (109a) über, und statt eine Kurvenschar bekommt man durch diese „Streckung" eine (d)-Schar, die aus Geraden besteht. Hierbei bemerken wir, daß die Skalen der (n)- und (η)-Scharen beide gleichmäßig sind. Die r-Skala, die aus Gl. (110) hervorgeht, wird dagegen ungleichmäßig, und die Schrittfolge außerdem der η-Skala entgegengesetzt. Folgende Werte dieser Skalen gehören zusammen:

$r =$	7,0	7,5	8,0	8,5	9,0	9,5	10,0	cm
$\eta =$	0,00291	0,00237	0,00195	0,00163	0,00137	0,00117	0,001	

In endgültiger Form tritt diese Netztafel in Abb. 54 hervor. Der in diesem Nomogramm angegebene Punkt Q_1 bildet den Koordinatenanfang der (f)-Schar, wie Punkt Q_2 den Anfang der (d)-Schar angibt und sogleich den der Hilfsschar η, die für die (r)-Schar grundlegend ist. Um den Wert dieses Nomogrammes zu erhöhen sind in die Paarleiter, welche Wertepaare von d und r enthält, P-Kurven eingetragen, die für einen bestimmten Wert der zulässigen Drehungsspannung k_d — in diesem Fall für $k_d = 6500$ kg/qcm — den Geltungsbereich von d und r angeben. Demzufolge erübrigt sich bei der Verwendung des Nomogramms eine diesbezügliche Berechnung. Ist z. B. die Federbelastung P gegeben, dann ersieht man sofort aus der erwähnten Paarleiter den einem bestimmten r-Wert entsprechenden kleinsten Federdurchmesser d, der unter Berücksichtigung der zugrunde liegenden Drehungsspannung in Betracht kommen kann.

Die Eintragung dieser P-Kurven erfolgt nach Gl. (55a)

$$P = \frac{\pi \cdot d^3}{16} \cdot \frac{k_d}{r}$$

welche für einen bestimmten k_d-Wert lautet:

$$P = \text{konst.} \frac{d^3}{r}.$$

Diese Gleichung mit drei Veränderlichen läßt sich in die besprochene Paarleiter eintragen, die ein verzerrtes Bezugssystem mit den Koordinatenscharen d und r bildet.

Hebe- und Förderanlagen. Ein Lehrbuch für Studierende und In-
genieure. Von Dr.-Ing. e. h. **H. Aumund,** ordentl. Professor an der Technischen Hochschule Berlin. Zweite, vermehrte Auflage.

Erster Band: Allgemeine Anordnung und Verwendung. Mit 414 Abbildungen im Text. XX, 444 Seiten. 1926. Gebunden RM 33.—

Inhalt: Die allgemeine Anordnung und Verwendung der Hebe- und Fördervorrichtungen.
Vorbemerkungen. Kurze Übersicht über die geschichtliche Entwicklung der Förderer und ihrer
Antriebsvorrichtungen. — Allgemeines über die Beurteilung der Wirtschaftlichkeit der Förderanlagen. — Allgemeine Grundlagen für die Beurteilung des Wirkungsgrades und der Eignung der
verschiedenen Antriebsvorrichtungen. — Allgemeine Grundlagen für die Anordnung des elektrischen
Antriebes der Hebe- und Förderanlagen. — Die mit den Fördervorrichtungen in Verbindung stehen-
den Behälteranlagen und ihre Verschlußeinrichtungen, sowie die Zuteil- und Wägeeinrichtungen. —
Die Bahnförderung mit einzeln oder zugweise bewegten Fördergefäßen. Standbahnen mit Betrieb durch Menschen- oder Tierkraft. — Standbahnen mit mechanischem Antrieb. — Standbahnen
mit Schwerkraftbetrieb. — Schwebebahnen mit Einzelantrieb. — Die Dauerförderer. Allgemeine
Gesichtspunkte über die Verwendung der Dauerförderer. — Dauerförderer, bei denen die einzelnen
Fördergefäße von der dauernd umlaufenden Zugvorrichtung lösbar sind. — Dauerförderer, bei denen
Zugorgan und Fördergefäß fest miteinander verbunden bezw. vereinigt sind. — Die Förderung
im Wasser- oder Luftstrom.
Die Hubförderer. Allgemeines über die Hubförderer. Die Vorrichtungen zum Aufnehmen des
Verladegutes. — Winden und Aufzüge mit einfacher Lastenbewegung. — Windwerke und Krane mit
zusammengesetzter Lastenbewegung. — Rückblick auf die Fördervorrichtungen für kleine und
mittlere Entfernungen. Wagerechte Förderung. — Senkrechte Förderung.

Zweiter Band: Anordnung und Verwendung für Sonderzwecke. Mit
306 Abbildungen im Text. XVIII, 480 Seiten. 1926. Gebunden RM 42.—

Inhalt: Die Anordnung der Hebe- und Förderanlagen für Sonderzwecke. I. Die Verladean-
lagen im Schiffahrtsbetrieb. Allgemeines. — Schiffsbauarten und Selbstentladeschiffe. — Die Verlade-
anlagen für Schiffsfördergüter in Häfen und an besonderen Anlegestellen. — Hilfshebevorrichtungen
für den Schiffbau. — Vorrichtungen zum Heben und Treideln der Schiffe auf den Wasserstraßen.
— Die Verladevorrichtungen im Eisenbahnwesen. Allgemeine Übersicht über die Verhältnisse
bei der Eisenbahnförderung. — Das Entladen von Massengütern. — Das Beladen der Eisenbahn-
wagen mit Massengütern, einschl. Lokomotivbekohlungsanlagen. — Das Verladen von Stückgütern.
— Hilfsvorrichtungen für den Verladebetrieb im Eisenbahnwesen. — Besondere Hebe- und Förderanlagen für die Kohlen- und Eisenindustrie. Allgemeines. — Besondere Förderanlagen im Berg-
wesen. — Besondere Verladeeinrichtungen für den Koksofe- und Gaswerkbetrieb. — Besondere
Hebe- und Förderanlagen für den Hochofenbetrieb. — Besondere Hebe- und Förderanlagen in
Stahl- und Walzwerkbetrieben. — Rundblick und Ausblick auf die Entwicklung der Hebe- und
Förderanlagen. Allgemeines. — Rundblick und Ausblick auf die Hebe- und Förderanlagen im allgemeinen Fabrik- und Geschäftshausbetrieb. — Rundblick und Ausblick auf die Hebe- und Förderanlagen im Schiffahrtsbetrieb. — Rundblick und Ausblick auf die Hebe- und Förderanlagen
im Eisenbahnbetrieb. — Rundblick und Ausblick auf die Hebe- und Förderanlagen im Berg- und
Hüttenwesen. — Schlußbemerkung.

Die Förderung von Massengütern. Von Dipl.-Ing. Georg von
Hanffstengel, a. o. Professor an der Technischen Hochschule zu Berlin.

Erster Band: Bau und Berechnung der stetig arbeitenden Förderer.
Dritte, umgearbeitete und vermehrte Auflage. Mit 531 Textfiguren.
VIII, 306 Seiten. 1921. Manuldruck 1922. Gebunden RM 11.—

Zweiter Band, 1. Teil: Bahnen (Wagen für Massengüter, Wagenkipper,
Zweischienige Bahnen, Hängebahnen). Dritte, völlständig umgearbeitete
Auflage. Mit 555 Textabbildungen. VIII, 348 Seiten. 1926.
Gebunden RM 24.—

Der zweite Band, 2. Teil,
wird sich mit Kranen (einschließlich Kabelkranen) und solchen Anlagen befassen, die aus Kranen
und anderen Fördermitteln zusammengesetzt sind.

ⓦ Lastenbewegung. Bauarten, Betrieb, Wirtschaftlichkeit der Lasthebe-
maschinen. Leichtfaßlich dargestellt von Ing. **Josef Schoenecker.** Mit
245 Abbildungen im Text. Nach Zeichnungen des Verfassers. 106 Seiten.
1926. RM 5.70

Inhalt: Grundbegriffe. — Hebel. — Kurbel, Haspel. — Rollen. — Zahnräder. — Schraube. —
Zugmittel. — Rollenzüge. — Fassen der Last. — Sicherheitsvorkehrungen. — Wirtschaftlichkeit
und Antriebsart. — Bauarten. — Laufkrane. — Drehkrane. — Schwimmkrane. — Kranbetrieb. —
Fördermaschinen. — Aufzüge. — Hängebahnen. — Seilbahnen. — Massengutförderung.

Die mit ⓦ bezeichneten Werke sind im Verlage von Julius Springer in Wien erschienen.

Verlag von Julius Springer in Berlin W 9

Kran- und Transportanlagen für Hütten-, Hafen-, Werft- und Werkstatt-Betriebe. Von Dipl.-Ing. C. Michenfelder, Direktor der Ingenieur-Akademie Wismar. Zweite, umgearbeitete und vermehrte Auflage. Mit 1097 Textabbildungen. VIII, 684 Seiten. 1926.
Gebunden RM 67.50

Inhalt: **Hüttenwerke.** Lagerplatz der Rohmaterialien. Beschickung der Hochöfen. Masselgießplatz. Schlackentransport. Klärteichbedienung. Beschickung der Kupolöfen. Schrottplatz. Generatorenraum. Martinofenhalle. Martingießhalle. Mischerhalle. Konverterhalle. Schlackentransport. Thomasgießhalle. Tiefofenhalle. Roll- und Stoßofenhalle. Preß- und Hammerwerk. Blocklager. Walzenstraße. Lager- und Verladeplatz der Fertigmaterialien. Eisenkonstruktionswerkstätten. Eisengießereien. Beizereien. — **Schiffswerften.** Hellingausstattung. Schiffsausrüstung. Lagerplätze und Höfe. Werkstätten. — **Häfen.** Umschlag zwischen Schiff und Schuppen bzw. Wagen. Umschlag zwischen Schiff und Lagerplatz. Umschlag zwischen Schiff und Schiff. Umschlag vom Waggon ins Schiff. Baggerkrane. — **Elektrotechnische Gesichtspunkte bei Krananlagen.** — **Verzeichnis der im Buche erwähnten Anwendungs- bezw. Fabrikationsstätten der Krane** (5 Seiten umfassend).

Die Drahtseilbahnen (Schwebebahnen) einschließlich der Kabelkrane und Elektrohängebahnen. Von Prof. Dipl.-Ing. P. Stephan. Vierte, verbesserte Auflage. Mit 664 Textabbildungen und 3 Tafeln. XII, 572 Seiten. 1926.
Gebunden RM 33.—

Inhalt: I. Wert und Entwicklung der Drahtseilbahnen. Das Verwendungsgebiet. Die geschichtliche Entwicklung. Das Wesen der Zweiseil-Drahtseilbahn. — II. Die Konstruktionseinzelheiten. Die Seile. Die Berechnung der Seile. Die Stützen. Die Tragseilspannvorrichtungen. Die Linienführung. Die Seilbahnwagen. Die End- und Zwischenstationen. Die Stationseinzelheiten. Die Schutzbrücken und Schutznetze. — III. Beispiele aus der Anwendung der Drahtseilbahnen. Große Gebirgsbahnen. Die Verbindung der Gewinnungsstelle mit der Eisenbahn, dem Wasserwege oder dem Werk in der Ebene. Besondere Anwendungen in der Berg- und Hüttenindustrie. Drahtseilbahnen in Gasanstalten und Elektrizitätswerken. Drahtseilbahnen zur Beladung und Entladung von Schiffen. Hängebahnen für Innentransporte. — IV. Sonderbauarten von Drahtseilbahnen. Die Drahtseilbahnen mit Pendelbetrieb. Die Einzelbahnen. Die Drahtseilbahnen zur Personenbeförderung. Die Kabelkrane. — V. Wirtschaftliche Angaben und gesetzliche Bestimmungen. Die volkswirtschaftlichen Wirkungen von Drahtseilbahnen. Die Anlage- und Betriebskosten. Gesetze und Bestimmungen, die bei Anlage und Betrieb von Drahtseilbahnen zu beachten sind. — VI. Die örtliche Bauausführung und der Betrieb der Drahtseilbahnen. Die örtliche Ausführung. Der Betrieb von Drahtseilbahnen. Anhang: Die Elektrohängebahnen.

Die Drahtseile als Schachtförderseile. Von Dr.-Ing. Alfred Wyszomirski. Mit 30 Textabbildungen. IV, 94 Seiten. 1920. RM 3.—

Berechnung elektrischer Förderanlagen. Von Dipl.-Ing. E. G. Weyhausen und Dipl.-Ing. P. Mettgenberg. Mit 39 Textfiguren. IV, 90 Seiten. 1920. RM 3.—

Billig Verladen und Fördern. Die maßgebenden Gesichtspunkte für die Schaffung von Neuanlagen nebst Beschreibung und Beurteilung der bestehenden Verlade- und Fördermittel unter besonderer Berücksichtigung ihrer Wirtschaftlichkeit. Von Dipl.-Ing. Georg v. Hanffstengel, a. o. Professor an der Technischen Hochschule zu Berlin. Dritte, neubearbeitete Auflage. Mit 190 Textabbildungen. VIII, 178 Seiten. 1926. RM 6.—

Die Bagger und die Baggereihilfsgeräte. Ihre Berechnung und ihr Bau. Von M. Paulmann, Regierungs- und Baurat in Emden und R. Blaum, Regierungsbaumeister, Direktor der Atlas-Werke, A.-G., Bremen. Erster Band: Die Naßbagger und die dazu gehörenden Hilfsgeräte. Bearbeitet von M. Paulmann und R. Blaum. Zweite, vermehrte Auflage. Mit 598 Textfiguren und 10 Tafeln. VIII, 281 Seiten. 1923.
Gebunden RM 21.—

Deutsches Kranbuch. Im Auftrage des Deutschen Kran-Verbandes (e.V.) bearbeitet von A. Meves. 104 Seiten. 1923. RM 2.—; gebunden RM 3.—

Printed in the United States
By Bookmasters

Printed in the United States
By Bookmasters